Wajahat Sammer Ansari
Zia ur Rehman

Uma análise estatística das técnicas de construção fora do estaleiro no Paquistão

Wajahat Sammer Ansari
Zia ur Rehman

Uma análise estatística das técnicas de construção fora do estaleiro no Paquistão

ScienciaScripts

Imprint

Cover image: www.ingimage.com

This book is a translation from the original published under ISBN 978-620-2-19962-9.

Publisher:
Sciencia Scripts
is a trademark of
Dodo Books Indian Ocean Ltd. and OmniScriptum S.R.L publishing group

120 High Road, East Finchley, London, N2 9ED, United Kingdom
Str. Armeneasca 28/1, office 1, Chisinau MD-2012, Republic of Moldova, Europe
Printed at: see last page
ISBN: 978-620-8-06730-4

ÍNDICE DE CONTEÚDOS

Existe uma procura crescente no sector da construção civil no sentido de proporcionar um melhor valor através da melhoria da qualidade, do aumento da produtividade, da redução dos custos, da segurança sanitária e do aprovisionamento através de técnicas de construção fora do local. O controlo dos custos de construção deve ser mantido, ao mesmo tempo que se obtém uma qualidade de trabalho igual ou superior, porque esta é a tarefa básica de todas as pessoas envolvidas no processo de construção. De facto, este declínio trouxe consigo uma série de problemas. Estes problemas são as razões que fizeram desta área de investigação um campo importante para futuras melhorias no sector da construção do Paquistão. Este livro tem como objetivo examinar o grau de utilização de técnicas de construção fora do local de construção no Paquistão, identificar os principais motivadores e obstáculos à utilização destas técnicas e a quantidade de construção fora do local de construção que é adequada para um determinado projeto. Este livro fornece uma compreensão abrangente dos problemas de investigação relacionados com a gestão da construção e pode ser utilizado por académicos, investigadores, engenheiros e profissionais da indústria da construção.

DEDICADO

TO

A NOSSA FAMÍLIA, PROFESSORES E COLEGAS

RECONHECIMENTO

Estamos gratos a Alá Todo-Poderoso, que me deu força e paciência para concluir a minha investigação. Gostaríamos de agradecer ao Dr. Muhammad Jamaluddin Thaheem, conselheiro, cuja inspiração e orientação incontáveis tornaram possível a conclusão deste trabalho de investigação.

Devemos os nossos agradecimentos especiais aos representantes da indústria da construção do Paquistão que participaram no inquérito e deram todo o seu apoio e cooperação para a conclusão da minha tese. No final, devemos os meus agradecimentos especiais aos nossos pais pelo seu apoio e orações.

(Autores)

RESUMO

A construção fora do local é um tipo de construção em que as estruturas ou elementos são construídos fora do local ou em fábrica e depois montados no local. Tem muitas vantagens, mas também muitos desafios. Estas técnicas estão a ser adoptadas em todo o mundo, mas o Paquistão ainda não viu uma utilização plena da construção fora do local. Nesta investigação, é feita uma revisão exaustiva da literatura para encontrar as vantagens e os desafios da construção fora do estaleiro. O questionário foi desenvolvido para conhecer as percepções dos consultores e empreiteiros no Paquistão sobre a construção fora do estaleiro. Foi recolhido um total de 140 respostas (70 de consultores e 70 de empreiteiros). Foram efectuados testes T com um intervalo de confiança de 95% e regressões lineares para analisar os dados. Em seguida, foi realizado um estudo de caso de um projeto de construção para comparar o custo e a duração da construção tradicional no local e da construção fora do local. Os resultados mostram que os consultores e os empreiteiros são da opinião de que a redução da duração é o fator mais importante para a utilização da construção fora do local. A diminuição da duração do projeto, a procura de trabalhadores qualificados, as perturbações no local, o impacto negativo de outras operações, o congestionamento de mão de obra no local e o aumento da produtividade do trabalho, a segurança, a eficiência da conceção, a eficiência da gestão e a poupança global de custos são possíveis benefícios da construção fora do local. A viabilidade dos transportes e as opções limitadas de conceção são desafios da construção fora do estaleiro. As comparações entre subgrupos revelam uma relação linear de 20,9% no sector residencial, 14,7% no sector das infra-estruturas, 0% no sector comercial e 1,2% no sector industrial entre consultores e empreiteiros, o que sugere um menor nível de consenso. Além disso, não foi encontrada qualquer relação estatística entre consultores e empreiteiros no sector da construção no Paquistão relativamente aos benefícios e desafios. A partir do estudo de caso, é evidente que a construção fora do estaleiro tem uma duração 7,1% inferior e um custo 7,4% inferior em comparação com a construção tradicional no estaleiro no Paquistão. As conclusões são retiradas e são feitas recomendações com base nestes resultados.

Capítulo 1

INTRODUÇÃO

1.1 ANTECEDENTES

A construção fora do local tem sido utilizada no sector do desenvolvimento desde há muitos anos. Apresenta numerosas vantagens, bem como desafios no sector da construção. Mesmo as técnicas de construção fora do local são introduzidas na indústria, mas não são amplamente adoptadas no Paquistão. A construção fora do estaleiro consiste em construção pré-fabricada, pré-fabricação, modular e em painéis. Poupa-se muito tempo devido ao facto de a construção no local e fora do local ocorrerem em simultâneo. A qualidade é melhorada devido ao ambiente controlado da fábrica. Muitos projectos foram concluídos com sucesso utilizando a construção fora do local, resultando em melhorias de tempo, qualidade e custos (Haas et al., 2000). A pré-fabricação inclui normalmente uma capacidade ou uma troca, por exemplo, eléctrica, de funilaria ou de vergalhões, e pode ser caracterizada como uma metodologia de montagem, que ocorre geralmente numa determinada instalação, na qual diferentes materiais são unidos para estruturar uma parte de um último estabelecimento (Tatum et al., 1987).

Os padrões de fabrico obtidos na indústria automóvel têm sido utilizados de forma eficaz para produzir casas apelativas, personalizadas e razoáveis. De qualquer modo, existem pontos de confinamento aos quais esses métodos podem ser ligados para lidar com a recolha de uma grande variedade de peças que se espera que criem itens modificados complexos (Gann, 1996). A pré-fabricação e a pré-montagem exploram condições de montagem controladas para melhorar as condições no local, diminuir o bloqueio do trabalho no local, expandir a medida do trabalho ao nível do solo e diminuir a medida geral do desenvolvimento no local (Haas, 2000). A pré-montagem pode contribuir para a melhoria do desempenho no sector da construção. Pode melhorar o ambiente de saúde e segurança, acrescentar valor ao dinheiro, oferecer maior rentabilidade, produtividade, previsibilidade e reduzir custos, tempo e defeitos (Pasquire, 2002). Os especialistas alemães reconheceram uma vantagem alternativa dos procedimentos de desenvolvimento fora do local, a diminuição do efeito negativo na indústria do desenvolvimento (Venables et al., 2004). Tanto os planeadores/arquitectos como os empreiteiros gerais viram que a utilização de estratégias de desenvolvimento fora do local da obra dava lucros como a compressão do calendário, a expansão da qualidade dos artigos, o benefício geral do trabalho, a execução da segurança no local e a diminuição da interrupção no local de outras operações adjacentes, o efeito negativo das operações de desenvolvimento (Na, 2007). A Malásia ligou a estrutura de construção industrializada (IBS), que é caracterizada como uma estrutura de desenvolvimento em que os segmentos são fabricados em fábricas ou fora do local, transportados e depois montados numa estrutura com o mínimo de trabalho. O IBS inclui a construção e o estabelecimento de peças no local de desenvolvimento. Por outro lado, o método moderno de construção (MMC) é o termo utilizado pelo governo do Reino Unido para descrever vários avanços na construção de casas. No entanto, o fabrico fora do local (OSM) é o termo utilizado pelas empresas de desenvolvimento australianas e britânicas" (Azman, 2012).

Este estudo destina-se a inspecionar as potenciais vantagens e dificuldades dos procedimentos de desenvolvimento fora do local no Paquistão. Muito trabalho foi feito noutros países, mas um nível semelhante de esforço ainda não foi realizado no Paquistão. A secção seguinte descreve sucintamente as principais razões que levaram à realização desta investigação.

1.2 DECLARAÇÃO DO PROBLEMA

A indústria do desenvolvimento tem interesse em melhorar a sua reputação através do aumento da qualidade, da produtividade, da redução dos custos, do aumento da segurança sanitária e da duração do tempo. O controlo dos custos de construção deve ser mantido, ao mesmo tempo que se obtém a mesma ou melhor qualidade de trabalho, porque esta é a tarefa básica de todas as pessoas envolvidas no processo de construção. De facto, este declínio trouxe muitos problemas. Estes problemas são as razões que criaram o interesse em identificar as percepções dos consultores e dos empreiteiros sobre as técnicas de construção fora do estaleiro e tornaram-na uma área de investigação importante para futuras melhorias na indústria da construção do Paquistão.

1.3 OBJECTIVOS DA INVESTIGAÇÃO

Os principais objectivos desta investigação são:

a) Investigar o grau de construção fora do estaleiro no Paquistão

b) Centrar-se nos méritos e dificuldades dos sistemas de desenvolvimento fora do local

c) Investigar a perceção que os consultores e empreiteiros têm dos métodos de desenvolvimento fora do local na indústria de desenvolvimento do Paquistão

d) Comparar o custo e a duração da construção tradicional no local e fora do local no sector da construção no Paquistão.

1.4 SIGNIFICADO DA INVESTIGAÇÃO

Este estudo de investigação será útil para académicos, clientes, consultores, empreiteiros e profissionais. A indústria do desenvolvimento tem interesse em valorizar mais a qualidade, a produtividade, a redução de custos, a segurança sanitária e o aprovisionamento através de técnicas de construção fora do estaleiro. O controlo dos custos de construção tem de ser mantido, ao mesmo tempo que se obtém uma qualidade de trabalho igual ou superior, uma vez que se trata de uma tarefa essencial para todos os grupos individuais envolvidos no processo de construção. Estes problemas são a razão que fez desta região de investigação um campo vital para futuras mudanças na indústria da construção do Paquistão.

1.5 ÂMBITO DA TESE

A investigação centra-se nos clientes, empreiteiros e consultores sobre a sua perceção da construção fora do estaleiro no Paquistão e também sobre os seus benefícios e desafios. A área foi selecionada devido à sua proximidade com o investigador e tendo em conta as restrições de tempo, custo, qualidade, segurança, recursos e duração.

1.6 ORGANIZAÇÃO DA TESE

Chapter 1 apresenta os antecedentes e o enunciado do problema que desenvolveu a necessidade desta investigação. São também apresentados os objectivos do estudo, a sua importância e o seu âmbito.

Chapter 2 é dedicado ao estudo da literatura. Na primeira parte, são apresentadas as técnicas tradicionais de construção no local e fora do local e os seus tipos. Na parte final do capítulo, são apresentados estudos de casos de diferentes projectos que beneficiaram das técnicas de construção fora do estaleiro

Chapter 3 O capítulo 3 trata da metodologia de investigação utilizada neste estudo. O processo de conceção do inquérito, a seleção de uma amostra de estudo, a dimensão da amostra, o desenvolvimento de um método de recolha de dados por questionário e a realização de um inquérito à escala real são apresentados para a fase quantitativa do estudo.

Chapter 4 descreve a análise dos dados quantitativos e os resultados. O capítulo é dedicado ao teste das intenções de estudo que decorrem dos objectivos da investigação. O teste T, a ANOVA e a regressão linear são utilizados para determinar as percepções dos grupos e subgrupos de consultores e empreiteiros no sector da construção no Paquistão.

Chapter 5 trata de um estudo de caso de um edifício de 4 andares em que são efectuadas análises de custos e de prazos da construção tradicional no local e da construção fora do local.

Chapter 6 diz respeito às conclusões e às recomendações futuras. As conclusões e recomendações são retiradas dos principais resultados da investigação. São também identificadas direcções futuras.

O questionário do inquérito encontra-se nos ANEXOS. Os ANEXOS contêm igualmente cópias dos testes efectuados no pacote estatístico (Minitab) para análise dos dados.

1.7 RESUMO

Neste capítulo, é apresentado um breve resumo da investigação. Começando por rever a literatura anterior que desenvolveu a necessidade desta investigação, é destacada. São também apresentados o significado e as metas e objectivos importantes. O âmbito e o esboço dos capítulos da tese também são discutidos neste capítulo.

Capítulo 2

REVISÃO DA LITERATURA

2.1 INTRODUÇÃO

Neste capítulo, é apresentada uma revisão exaustiva da literatura sobre a construção fora do estaleiro e a construção tradicional no estaleiro, bem como sobre as utilizações das técnicas de construção fora do estaleiro a nível mundial. É efectuada muita investigação sobre técnicas de construção fora do estaleiro em todo o mundo e são identificados muitos benefícios e desafios das técnicas de construção fora do estaleiro. Para além disso, este capítulo também apresenta vários estudos de caso.

2.2 CONSTRUÇÃO TRADICIONAL EM ESTALEIRO

A construção tradicional no local refere-se à construção da estrutura totalmente no local, sem qualquer fabrico de produtos em fábricas e utilização de elementos pré-fabricados. Apresenta algumas vantagens e desafios em comparação com a construção fora do local.

2.2.1 Benefícios

1. Transporte

Não haverá restrições ao transporte, uma vez que apenas os materiais serão transportados (Cart et al., 2000).

2. Alterações no local

Através da construção tradicional, podemos efetuar facilmente tantas alterações no local como na construção fora do local (Cart et al., 2000).

3. Especialização

Os engenheiros preferem geralmente a construção tradicional no local, uma vez que dispõem de mais conhecimentos especializados (Warzsawski, 1990).

2.2.2 Desafios

1. Horário

Deverá ser necessária uma maior duração para completar o projeto em comparação com a construção fora do local (Cart et al., 2000).

2. Custo

O custo da construção tradicional no local será elevado em comparação com a construção fora do local (Endicott, 2000; Canadian Precast Concrete Institute, 2005).

3. Desempenho de segurança

Também diminui o desempenho em termos de segurança, uma vez que os trabalhadores têm de efetuar todo o trabalho no local (Cart et al., 2000).

4. Qualidade do produto

Diminuirá a qualidade do produto, uma vez que é muito difícil manter a qualidade no local. Requer um grande número de trabalhadores para trabalhar no local (Housing Form, 2002).

5. Impacto ambiental

O projeto terá um enorme impacto ambiental através da construção tradicional. A construção tradicional também resulta em mais ruído e resíduos (Cart et al., 2000).

6. Trabalhadores artesanais qualificados no local

Aumenta o número de trabalhadores qualificados no local; por exemplo, para a soldadura, deve haver um soldador (Formulário de Habitação, 2002).

7. **Congestionamento de mão de obra no local**

Aumenta o congestionamento da mão de obra no local, uma vez que estão presentes mais trabalhadores no local do que na construção fora do local (Cart et al., 2000).

8. **Baixa produtividade**

A baixa produção do projeto na construção tradicional no local dá origem a técnicas inovadoras de construção fora do local (Waskett, 2001).

2.3 CONSTRUÇÃO FORA DO ESTALEIRO

2.3.1 Introdução

A construção fora do local é um tipo de construção em que as estruturas são construídas em locais diferentes do local onde são montadas (Haas e Fagerlund, 2002). As técnicas de construção fora do local diminuem o tempo de construção do projeto, uma vez que os módulos e as unidades pré-fabricadas são fabricados paralelamente à construção no local. A perturbação do local também é reduzida devido ao menor número de trabalhos no local de construção (Burwood e Poul, 2005). "*A principal vantagem destas técnicas é o facto de ser difícil construir edifícios altos em construção vertical, em vez de fazer a construção no piso e montá-los no local*" (Hsieh, 1997). Esta técnica também é viável em locais onde a mão de obra é cara. Podem também ser alcançados níveis de sustentabilidade mais elevados devido ao ambiente de fabrico controlado (Russell, 1981; Schoenborn, 2012). A gestão de resíduos e a gestão da segurança também podem ser melhoradas através de técnicas de construção fora do local (Lu, 2010).

2.4 TIPOS DE CONSTRUÇÃO FORA DO ESTALEIRO

2.4.1 Pré-fabricação fora do local

Trata-se de um procedimento em que diversos materiais e unidades pré-montadas são reunidos numa área remota para posterior desenvolvimento, por exemplo, treliças de telhado, plataformas, tubagens, escadas, etc. (Pasquire e Gibb, 2002; Vanegas et al., 1987; Tam et al., 2007). São geralmente constituídos por secções normalizadas que são montadas antecipadamente e transportadas para o local de construção (Azman, 2012; Ahamad et al., 2012). A construção pré-fabricada é apresentada na Figura 2.1.

Figura 2.1 Treliças de cobertura pré-montadas no local (Cortesia de Timer Engineering, Reino Unido)

2.4.2 Sistemas híbridos

"*Estes são os sistemas totalmente pré-fabricados em fábrica, incluindo todos os acabamentos externos e internos, bem como todas as instalações do edifício, por exemplo, salas de escritório totalmente equipadas com ar condicionado, ventilação, canalização e sistemas eléctricos*" (Kieran e Timberlake, 2004). Um exemplo de sistema híbrido é apresentado na Figura 2.2.

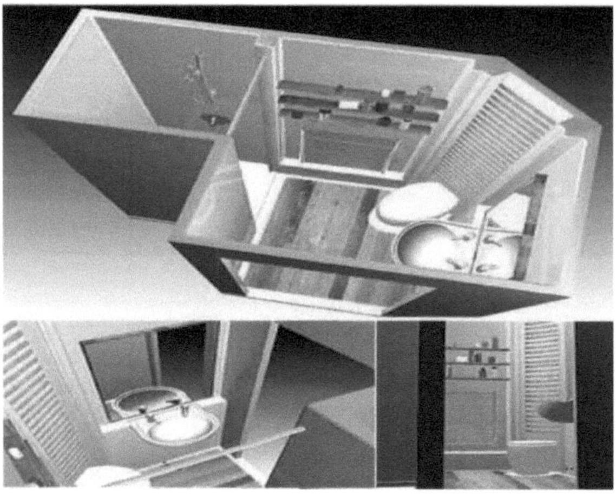

Figura 2.2 Sistema híbrido - Casa de banho concluída (Cortesia da Architecture Week)

2.4.3 Construção modular

Trata-se de um tipo de construção fora do local, em que os módulos são fabricados em fábricas e depois transportados para o local (Asiz et al., 2005). Os edifícios modulares também podem ser utilizados como instalações temporárias e permanentes, tais como campos de construção, salas de aula e instalações industriais (Lawson e Richards, 2010). A construção modular pode ser utilizada em áreas onde a construção tradicional não é possível (De Klerk, 2013). São normalmente constituídas por unidades tridimensionais. Um edifício com construção modular é apresentado na Figura 2.3.

Figura 2.3 Edifício modular em Lafayette Street, Nova Iorque, Estados Unidos (Cortesia de Urban Space Management, Inc.)

2.5 VANTAGENS DA UTILIZAÇÃO DA CONSTRUÇÃO FORA DO ESTALEIRO

Foram efectuados muitos estudos em todo o mundo sobre os benefícios das técnicas de construção fora do estaleiro. Devido aos seus benefícios, a indústria da construção melhora consideravelmente em todo o mundo (Schonberger, 1983). Os méritos dos procedimentos de desenvolvimento fora do local são esclarecidos de seguida:

2.5.1 Horário

Os procedimentos de desenvolvimento fora do local diminuem o tempo de desenvolvimento, uma vez que os módulos e as unidades pré-fabricadas são fabricados em paralelo com a construção no local (AbouRizk e

Halpin, 1992). "*Na construção fora do estaleiro, haverá menos perturbações no local em comparação com a construção tradicional, o que resultará num encurtamento do calendário. Também reduzirá os riscos de atraso, uma vez que as unidades pré-fabricadas são fabricadas na fábrica e depois montadas no local. A construção fora do estaleiro é uma resposta para encurtar o calendário e melhorar a produtividade*" (Sawyer, 2006). Tanto os planeadores/arquitectos como os empreiteiros gerais consideraram que a utilização de sistemas de desenvolvimento fora do local de construção oferece vantagens como a compressão da duração, a expansão da qualidade dos artigos, a expansão do lucro geral do trabalho, a expansão da execução da segurança no local, a diminuição da perturbação no local de outras operações vizinhas, a diminuição do impacto negativo das operações de desenvolvimento (Bakens, 1997). As técnicas de construção fora do local desempenham um papel muito importante na redução do calendário de um projeto. Um relatório mostra que foi observada uma melhoria de 66% nos calendários dos projectos através da utilização de procedimentos de desenvolvimento fora do local (McGraw Hill Construction, 2011).

2.5.2 Custo

As técnicas de construção fora do local desempenham um papel muito importante na poupança de custos em todas as fases do projeto. A poupança de materiais na fase de aquisição e a redução dos resíduos resultantes da construção no local são reduzidas. Verificou-se que o pré-fabrico de componentes de betão em ambiente fabril é mais propício à redução de resíduos do que o método tradicional de construção no local (Tatum et al., 1987). As técnicas de construção fora do estaleiro também resultam num aumento da segurança no trabalho e na redução dos prémios de seguro. Há também uma redução do custo de armazenamento das matérias-primas através de técnicas de construção fora do local. O potencial global de redução de resíduos é superior ao do método de construção tradicional (Lu e Yuan, 2013). Um relatório mostra uma redução de 65% nos custos do projeto através da utilização de procedimentos de desenvolvimento fora do local (McGraw Hill Construction, 2011).

2.5.3 Desempenho da segurança no local

Os procedimentos de desenvolvimento fora do local melhoram consideravelmente o desempenho da segurança no local. "*As técnicas de construção fora do estaleiro aumentam a segurança no estaleiro, ultrapassando os problemas climatéricos, as operações perigosas e o tempo no estaleiro. Os segmentos pré-montados proporcionam igualmente mais espaço para satisfazer as expectativas e reduzir a probabilidade potencial de acidentes no local*" (Pasquire e Connolly, 2002).

2.5.4 Qualidade do produto

A qualidade superior do produto também pode ser alcançada através de técnicas de construção fora do local (Construção, 2011). Isto é conseguido através de uma supervisão rigorosa, de uma conceção precisa e de um âmbito mínimo de alterações no processo de construção fora do local. Como na construção fora do estaleiro, as unidades fabricadas na fábrica têm especificações mais exactas e dimensões normalizadas.

2.5.5 Acabamento

As técnicas de construção fora do estaleiro podem também reduzir a escassez de mão de obra especializada (Haas et al., 1998; Burleson, 1998; Liska, 2002). A construção fora do estaleiro tem requisitos de mão de obra mais baixos em comparação com a construção tradicional (Arif e Egbu, 2010).

2.5.6 Impacto ambiental

O impacto ambiental negativo também pode ser reduzido através de menos tempo de construção no local (Russell, 1981). "*As técnicas de construção fora do local também resultam em menos ruído e menos resíduos. Um relatório mostra que foi observada uma diminuição de 77% nos resíduos do local de construção através da utilização de estratégias de desenvolvimento fora do local*" (McGraw Hill Construction, 2011).

2.6 DESAFIOS DA UTILIZAÇÃO DA CONSTRUÇÃO FORA DO ESTALEIRO

Foram efectuados muitos estudos a nível mundial sobre os desafios dos sistemas de desenvolvimento fora do local. As dificuldades dos procedimentos de desenvolvimento fora do local são explicadas de seguida:

2.6.1 Planeamento e coordenação de projectos

Na construção fora do local, deve haver uma fase de planeamento cuidadosa antes do projeto. Deve haver um planeamento e uma coordenação extensivos ao longo do projeto. "*A coordenação na fase de planeamento, conceção e implementação deve ser muito extensa nas técnicas de construção fora do local*" (Haas e

Fagerlund, 2002).

2.6.2 Restrições ao transporte

O transporte das unidades é também muito importante para determinar a viabilidade das técnicas de construção fora do local (Asiz et al., 2006). Os desafios de transporte alargados, a capacidade de desdobramento mais notável e os pré-requisitos de aquisição mais louváveis são dificuldades nos procedimentos de desenvolvimento fora do local (Haas, 2000). O fabricante médio geralmente cita uma distância máxima de 250-400 milhas para o transporte de módulos. As regras relativas às dimensões variam de país para país. Normalmente, o máximo dc

Largura=16 pés

Altura=13 pés e 6 polegadas

Comprimento=65pés

Os módulos com mais de 12 pés de largura requerem restrições e também a necessidade de uma escolta policial (Lu, 2007). A Figura 2.4 é um exemplo de transporte de módulos Flatbed que é utilizado para transportar módulos.

Figura 2.4 Transporte de módulos em plataforma

2.6.3 Percepções negativas

De acordo com a literatura, a perceção negativa é um dos desafios mais importantes das técnicas de construção fora do estaleiro em todo o mundo (Bakens 1997). Por exemplo, na indústria da construção dos EUA há confusão entre casas pré-fabricadas e casas móveis, uma vez que são dois tipos diferentes de edifícios (Levander e Sardén, 2009).

2.6.4 Flexibilidade para efetuar alterações no local

Também não é possível efetuar alterações no local devido à construção fora do local (Pasquire e Gibb, 2002). Se a alteração do projeto ocorrer, haverá uma enorme perda de custos (Barlow, 1999).

2.6.5 Identificação de riscos

A engenharia de desenvolvimento fora do local é igualmente testada com um nível de instabilidade que surge devido a variáveis internas e externas, tais como a construção, a palavra relacionada/social, financeira e monetária. (Lu, 2007; Dongo Rémi, 2009).

2.6.6 Custos de funcionamento

"Devido à capacidade das gruas e de outros equipamentos importantes para a construção fora do estaleiro,

os edifícios não podem ser parcialmente ocupados, o que pode resultar em perda de rendimentos" (Gann, 1996).

2.6.7 Consideração do equipamento

Nas técnicas de construção fora do local, os módulos são montados no local através de uma grua (Blismas et al., 2005). Normalmente, é utilizada no local uma grua com uma capacidade de 80 a 160 toneladas, consoante o tamanho do módulo.

Capacidade média da grua 4 - 6 módulos por grua por dia

2.7 ESTUDOS DE CASO

2.7.1 Cidade do céu China

É o arranha-céus mais alto do mundo planeado na cidade de Changsha, na China (Arif e Egbu, 2010).

O edifício mais alto do mundo é planeado através de construção fora do local e as suas principais caraterísticas são

Altura	838 metros
Calendário total	210 dias
Pavimentos	202
Área do piso	1.050.000 m2
Elevadores / Elevadores	93
Trabalhos fora do local	95%
Custo	1,96 mil milhões de dólares
Início da construção	20 de julho de 2013
Conclusão prevista	junho de 2014

A principal vantagem do edifício é a resistência aos sismos. O edifício será concebido para resistir a sismos até 9,0 na escala de Richter. A Sky City da China é apresentada na Figura 2.5

Figura 2.5 Sky city china

2.7.2 Atlantic Yards Nova Iorque

É um dos edifícios mais altos construídos através de um processo modular e de pré-fabricação. As suas principais caraterísticas são

Área	89.000 m²
Fora do local	60%
Espaço residencial	6 milhões de pés quadrados.
Histórias de torres	32
Custo	4,9 mil milhões de dólares

A principal vantagem da construção fora do estaleiro é o seu custo 20% inferior ao da construção tradicional. O Atlantic Yards de Nova Iorque é apresentado na Figura 2.6.

Figura 2.6 Atlantic Yards Nova Iorque

2.7.3 Victoria Hall Wembley Reino Unido

Este edifício especial contém residências para estudantes com muitas caraterísticas e instalações feitas através de um processo modular e de pré-fabricação. As suas principais caraterísticas são

Quartos	435
Área	32 Hectare
Histórias	19
Peso do módulo	12 toneladas

A sua principal vantagem é que, através da construção fora do local, o projeto terminou seis meses antes da construção tradicional, 90% dos resíduos no local foram reduzidos e foi utilizada uma grua móvel de 200 toneladas para a elevação (Pan et al., 2007; Nadim e Goulding, 2010). O Victoria Hall Wembley UK é apresentado na Figura 2.7.

Figura 2.7 Victoria Hall Wembley UK

2.7.4 Victoria Hall Wolverhampton Reino Unido

Este edifício é constituído por uma construção modular e as suas principais caraterísticas são

Altura	25 histórias
Custo	$ 34,000,000
Fora do local	50%
Área	223.000 pés quadrados
Gama de tamanhos de módulos	226 - 398 pés quadrados
Tempo do projeto	59 semanas

A principal vantagem da técnica de construção fora do local é a redução de 70% do desperdício no local.

O Victoria Hall Wolverhampton UK é apresentado na Figura 2.7

Figura 2.8 Victoria Hall Wolverhampton Reino Unido

2.8 CONCLUSÃO

De acordo com a revisão da literatura, foram realizados muitos trabalhos a nível mundial, mas não foi encontrada qualquer investigação no sector da construção do Paquistão.

A construção fora do local, como a pré-fundição e o pré-fabrico, oferece oportunidades significativas para a redução de resíduos. Reduz igualmente as alterações de juros. Também ajuda a reduzir os roubos. Pode ser utilizada em tecnologias como o BIM (Building Information Modeling), que permitiu uma melhor conceção das técnicas de construção fora do local (Nawari, 2012). Também reduz o custo da mão de obra, o custo de armazenamento, o número de acidentes mortais e o impacto ambiental negativo. Também ajuda a acelerar o processo.

Esta tese será útil para fornecer recomendações ao sector da construção do Paquistão sobre técnicas de construção fora do local.

2.9 RESUMO

Este capítulo começa por descrever a construção tradicional no local, a construção fora do local e os seus tipos. Na segunda parte, são também discutidos estudos de casos de diferentes projectos. Os diferentes parâmetros utilizados para a avaliação das técnicas de construção fora do estaleiro foram apresentados em pormenor neste capítulo. O capítulo seguinte aborda a metodologia de investigação desenvolvida para este estudo.

Capítulo 3

METODOLOGIA DE INVESTIGAÇÃO

3.1 INTRODUÇÃO

A razão desta secção é examinar a conceção da investigação, a conceção da amostra e os procedimentos de investigação utilizados para o estudo, a fim de alcançar os objectivos. O método de inquérito é escolhido como estratégia de investigação. É elaborado um questionário para recolher dados no terreno e, em seguida, é efectuada a análise dos dados, que também é apresentada neste capítulo.

3.2 CONCEPÇÃO DA INVESTIGAÇÃO

A investigação é uma metodologia de passos utilizados para recolher e dissecar dados com um objetivo final específico de expandir a nossa compreensão de um assunto ou questão. Caracteriza o esquema/desenho que mostra como conduzir a investigação e responder às questões de investigação (Saunders et al., 2003). Consiste na amostragem e no desenvolvimento do questionário, nas fontes de recolha de dados e na consideração das restrições da investigação. Com base nos objectivos da investigação, é selecionada a estratégia de investigação. Existem três abordagens diferentes para a investigação em engenharia e gestão da construção. São elas os métodos quantitativos, os métodos qualitativos e a combinação de ambos, quantitativos e qualitativos, comummente conhecida como 'abordagem de métodos mistos'. Os métodos de investigação quantitativa utilizam uma abordagem dedutiva e estão associados à recolha de dados e à análise estatística. Por outro lado, utilizando uma abordagem indutiva, os métodos qualitativos extraem os resultados de entrevistas ou observações em vez de utilizarem procedimentos estatísticos (Amjad, 2004; Amjad, 2005). Na investigação publicada sobre Construção, Engenharia e Gestão (CEM) (1983-1996), os métodos quantitativos são utilizados por cinquenta e sete por cento (57%) dos investigadores. Apenas oito por cento (8%) utilizaram métodos de investigação qualitativos e treze por cento (13%) utilizaram uma metodologia mista (Loose more et al., 1996). Wing et al. (1998) argumentaram que a abordagem quantitativa na construção, engenharia e gestão da investigação produz soluções mais práticas. Contudo, no que respeita ao período de 1991-2001, Seymour e Rooke (1995) e Seymour et al. (1997) sugerem a utilização de uma abordagem qualitativa. Root et al. (1997) argumentaram que a escolha entre métodos quantitativos ou qualitativos depende muito do objetivo da investigação. Com base no que precede, o objetivo desta investigação é conhecer as percepções dos consultores e empreiteiros da indústria da construção do Paquistão sobre a utilização da construção fora do estaleiro. Para o efeito, são realizadas entrevistas a profissionais experientes para recolher os dados. A abordagem quantitativa é utilizada para esta investigação e o método de inquérito é selecionado para a recolha de dados (Ott e Longnecker, 2008). Além disso, é também realizado um estudo de caso de um projeto de construção para comparar a duração e o custo da construção tradicional no local e da construção fora do local.

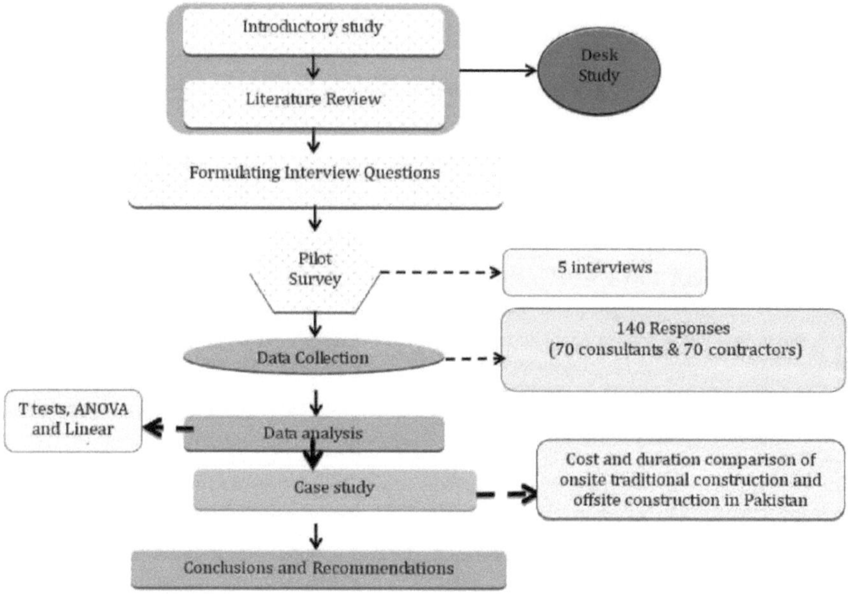

Figura 3.1: Fluxograma da metodologia de investigação para o inquérito

A investigação é efectuada de acordo com as seguintes etapas apresentadas na Figura 3.1. Para este estudo, foi utilizado um questionário semelhante para consultores e empreiteiros, com a diferença de apenas uma pergunta. Foi efectuado um estudo-piloto para verificar a validação, o aperfeiçoamento e a melhoria do questionário. Após um estudo de viabilidade, foi realizado um estudo à escala real (com base em entrevistas e questionários) por peritos convidados e profissionais do sector da construção. Por fim, foram aplicadas ferramentas estatísticas para explorar os resultados dos dados.

3.3 O PROCESSO DE CONCEPÇÃO DO INQUÉRITO

Trochim (1997) definiu o inquérito como *"dados recolhidos de um certo número de casos/projectos através de medições sistemáticas e depois analisados para produzir os resultados"*. Sugeriu ainda que se devem ter em conta várias questões quando se escolhe um inquérito como estratégia de investigação: a) população, b) amostragem e c) questões relativas às perguntas. Adotado de Shuwei (2009), o desenho do inquérito selecionado para esta investigação é apresentado na Figura 3.2.

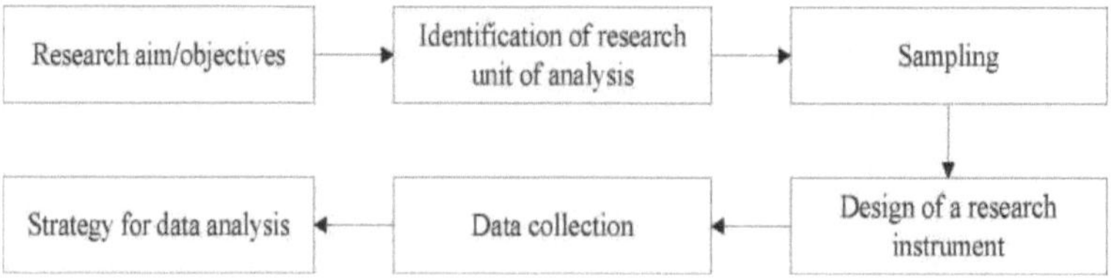

Figura 3.2: Processo de conceção do inquérito de investigação

3.3.1 Identificação da unidade de análise da investigação

De Vaus (2002) argumentou que a unidade de análise e os objectivos da investigação estão diretamente relacionados entre si. O objetivo desta investigação é conhecer as percepções dos consultores e dos empreiteiros da indústria da construção do Paquistão sobre a construção fora do estaleiro. Em cada resposta, são identificados os benefícios e os desafios da construção fora do estaleiro e, em seguida, são encontradas as percepções dos consultores e dos empreiteiros. Os peritos e profissionais do sector da construção do Paquistão são convidados a dar a sua opinião.

3.3.2 Amostragem

Fellows e Liu (2003) definiram o objetivo da amostragem como "*a recolha de dados e a realização dos componentes da investigação, desde que a amostra selecionada seja uma boa representação da população em estudo*". Trochim (1997) defendeu que, ao "*passar da população do estudo para a base de amostragem, o processo de amostragem deve ser efectuado a partir da qual a amostra da investigação é selecionada*". *A população* do estudo e a base de amostragem foram explicadas por Saunders et al. (2003) como "*a população é um conjunto completo de casos a partir dos quais é retirada uma amostra e a base de amostragem refere-se a um resumo completo de todos os casos da população*". A lista dos casos deve ser clara, atual e exacta. A amostra é selecionada da população em estudo com base na estrutura de amostragem (Shuwei, 2009). Existem duas opções de técnicas de amostragem muito utilizadas: a amostragem probabilística e a amostragem não probabilística. A amostra que pode ser selecionada e que é verdadeiramente representativa de uma população é a amostragem probabilística. De Vaus (2002) defendeu que a amostragem não probabilística deve ser efectuada quando a base de amostragem não está disponível ou a população estudada está muito dispersa. Channels (1985) defendeu que é preferível utilizar todos os casos da população em vez de construir uma amostra se os dados tiverem de ser recolhidos numa população pequena e acessível. Johnson e Christensen (2004) também argumentaram que, se o investigador conhecer a população total, a amostra pode ser recolhida para o estudo. Nesta investigação, a população do estudo é constituída por consultores e empreiteiros do sector da construção no Paquistão. Foi elaborada uma lista de 6 peritos e profissionais no estudo-piloto para verificar a aceitação do inquérito. De acordo com Barlett (2001), para uma população igual ou superior a 4000, a dimensão mínima da amostra devolvida é de 119. O número de consultores e empreiteiros no Paquistão é superior a 4000, pelo que a dimensão mínima da amostra selecionada para este estudo deve ser superior a 119.

3.3.3 Conceção de um instrumento de investigação

Com base nos objectivos da investigação, foi elaborado um questionário preliminar para um inquérito em grande escala, com base numa análise aprofundada de investigações anteriores, na experiência do investigador no sector da construção e nos resultados do inquérito-piloto.

3.3.3.1 Seleção da escala de medição

Geralmente, são tidos em conta quatro níveis na medição, nomeadamente nominal, ordinal, intervalar e de rácio (Reaves, 1992; Trochim, 1997). Neste estudo, foi selecionada a escala ordinal (também designada por escala de classificação) para medir a perceção dos consultores e dos empreiteiros.

3.3.3.2 Medição de atitudes

Para medir a perceção dos indivíduos, a medição da atitude é adequada e a escala de atitude de Bell (2005) é utilizada nesta investigação. De Vaus (2002) e Saunders et al. (2003) designaram a escala de atitudes como uma escala de classificação numérica e uma escala de classificação semântica diferencial. Na escala de atitudes em investigação social, são utilizados quatro métodos comuns: as escalas de Bogardus, Thurstone, Likert e Guttmann (cumulativa) (Oppenheim, 1992; Trochim, 1997; De Vaus, 2002). Entre estas, a escala de Likert é utilizada nesta investigação, uma vez que proporciona uma boa consistência e menos complicações (Oppenheim, 1992; De Vaus, 2002). Por conseguinte, a escala de Likert foi selecionada para medir a perceção dos consultores e empreiteiros.

3.3.3.3 Intervalos de categoria de resposta

Estão disponíveis as gamas prováveis de categorias de resposta para a conceção de questionários. As gamas prováveis consistem em respostas de 2 categorias, respostas de 3 categorias, respostas de 4-5 categorias, respostas de 6-7 categorias, respostas de 9 categorias e até respostas de 10-11 categorias (Alwin, 1997). De Vaus (2002) defende que as categorias de resposta 2, 5, 7 e 10 são muito utilizadas. De acordo com Kelly (1999), os pontos superiores a 7 não fornecem dados adequados. Muitos investigadores sugeriram uma escala de 7 pontos (Alwin, 1997; De Vaus, 2002). Por conseguinte, com base na explicação anterior, foi adoptada uma escala de 7 pontos para a sondagem de opinião a utilizar no âmbito desta exploração. A reação a cada anúncio foi codificada de acordo com os equivalentes numéricos de 1 a 7, com

1. "Oponho-me veementemente a esta ideia"
2. "Oponho-me moderadamente a esta ideia"
3. "Oponho-me ligeiramente a esta ideia"

4. "Nem discordar nem concordar"
5. "Um pouco de acordo"
6. "Concordo moderadamente"
7. "Concordo plenamente"

3.3.3.4 Estudo-piloto

O objetivo do estudo-piloto é verificar a fiabilidade e a validade de um questionário. É também conhecido como inquérito de viabilidade (Thompson, 2010). Shuwei (2009) considera que depende dos objectivos da investigação, da dimensão do estudo de investigação e dos recursos disponíveis (tempo e dinheiro) o número de estudos-piloto que devem ser realizados. Para este efeito, foi realizado um estudo-piloto para testar os itens individuais do questionário, bem como o questionário completo. A partir da população do estudo, foi selecionada uma amostra de seis (6) entrevistas. As entrevistas foram efectuadas pelo investigador cara a cara para garantir o máximo de respostas. Estas respostas foram muito úteis para refinar e melhorar o questionário para a realização de um inquérito em grande escala fornecido pelos inquiridos. Além disso, os resultados dos inquéritos-piloto foram incluídos na análise dos dados. Depois disso, o questionário estava pronto para a realização de entrevistas em grande escala. A apresentação do questionário é discutida na secção seguinte.

3.3.3.5 Apresentação de um questionário

Shuwei (2009) sugeriu que o questionário deve ser claro e preciso para que os inquiridos o possam preencher. O questionário (em anexo) foi desenvolvido de uma forma fácil e compreensível para esta investigação. Começa com a informação do inquirido e depois recolhe as utilizações da construção fora do estaleiro.

3.3.4 Recolha de dados

3.3.4.1 Inquérito à escala real

Decidiu-se entregar os questionários aos inquiridos em mão. Bell (2005) sugeriu que entregar os questionários aos inquiridos em mão tem várias vantagens: Os inquiridos podem compreender melhor o objetivo da investigação, os questionários demoram menos tempo a ser preenchidos cara a cara, qualquer dificuldade no preenchimento do questionário pode ser facilmente resolvida e pode ser alcançada uma elevada taxa de resposta. Por conseguinte, as entrevistas são realizadas com peritos e profissionais do sector da construção do Paquistão. Foram recolhidas seis entrevistas no inquérito-piloto e, em seguida, foram recolhidas 140 respostas de consultores e empreiteiros.

3.3.5 Estratégia de análise de dados

Para esta investigação, são recolhidos dados de um inquérito ordinal que utiliza uma escala de Likert. Para analisar os dados, são efectuados testes hipotéticos. Para examinar a declaração de hipótese, são utilizados os testes T e ANOVA, uma vez que o investigador se propôs contrastar a média dos inquiridos e a média conhecida (4), que indica "neutro". A investigação é efectuada com um intervalo de confiança de 95%. Todas as análises e resultados são apresentados no Capítulo 4.

3.4 RESUMO

Neste capítulo, é apresentada a metodologia pormenorizada. Em primeiro lugar, é realizado um inquérito por questionário e, em seguida, é efectuado um teste de hipóteses para analisar os dados. Em segundo lugar, é feito um estudo de caso de um projeto de construção em curso para comparar a duração e o custo do projeto através da abordagem tradicional no local e da abordagem fora do local.

Capítulo 4

ANÁLISE E CONCLUSÕES

4.1 INTRODUÇÃO

Nesta parte, é elaborada uma análise pormenorizada dos dados recolhidos. O software utilizado para a análise dos dados é o Minitab e o PASW. Com base numa grande quantidade de dados, os cálculos manuais não permitem efetuar uma análise sem erros (Gaur & Gaur, 2009). Nesta investigação, é avaliada a impressão dos consultores e dos construtores sobre os métodos de desenvolvimento fora do local na indústria de desenvolvimento do Paquistão. Foram igualmente aplicados testes estatísticos para uma análise isenta de erros. Foram utilizados no Minitab diferentes testes estatísticos, tais como estatísticas descritivas (média, frequência, etc.) e testes T para examinar a informação. Os testes ANOVA também são efectuados no software PASW.

4.2 AMOSTRAS DE INQUÉRITO

O questionário foi enviado por correio a 200 consultores e contratantes. 60 dos questionários foram devolvidos incompletos. Dessas 60 empresas, 10 eram consultores e 50 eram empreiteiros. Por conseguinte, a taxa de resposta foi de 70% e a amostra final foi de 140, com 70 (50%) consultores e 70 (50%) empreiteiros. A pergunta seguinte é sobre a categoria PEC dos empreiteiros. Os resultados estão tabulados no Quadro 4.1.

Categoria PEC	**Não**
C-A (contratantes sem limite)	14
C-B (limite do custo de construção até 3000 milhões de PKR)	16
C-1 (limite do custo de construção até 1800 milhões de PKR)	6
C-2 (limite do custo de construção até 800 milhões de PKR)	8
C3 (limite do custo de construção até 400 milhões de PKR)	8
C4 (limite do custo de construção até 150 milhões de PKR)	10
C5(limite do custo de construção até 50 milhões de PKR)	6
C6 (limite do custo de construção até 20 milhões de PKR)	2
Total de contratantes	**70**

Tabela 4.1: Distribuição das categorias do PEC pelos contratantes

A pergunta seguinte é sobre os inquiridos relacionados com os diferentes sectores da indústria da construção do Paquistão. Os sectores dos consultores inquiridos são apresentados na Figura 4.1:

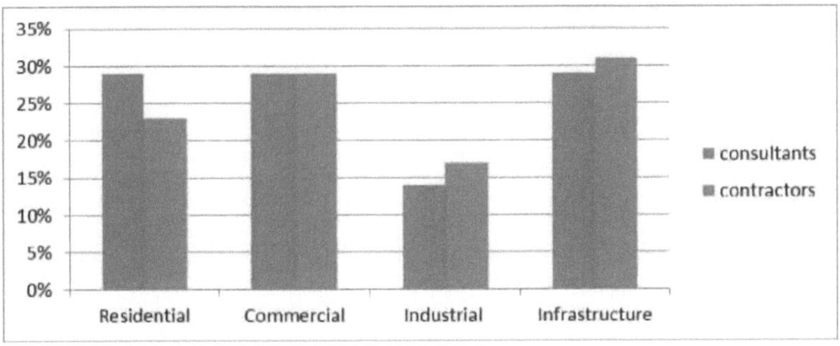

Figura 4.1: Sectores de consultores e contratantes

4.3 CONCLUSÕES

Segue-se o resumo das respostas a cada pergunta do inquérito.

A pergunta n.º 3 destina-se a verificar o grau de construção fora do local no Paquistão. A Figura 4.2 apresenta as respostas dos consultores e dos empreiteiros sobre o grau de construção fora do estaleiro no Paquistão. Segundo os consultores e os empreiteiros, o grau de construção fora do estaleiro no Paquistão é de cerca de 6-20%.

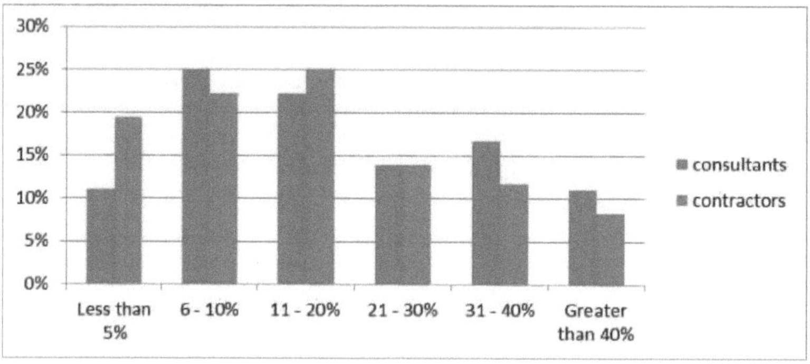

Figura 4.2: Grau de construção fora do estaleiro no Paquistão

A pergunta n.º 4 diz respeito ao fator mais importante que está atualmente a impulsionar a utilização de estratégias de desenvolvimento fora do local. De acordo com os resultados, 48,7% dos consultores e 56,8% dos empreiteiros responderam ao calendário e 28,2% dos consultores e 21,6% dos empreiteiros responderam ao custo. A opinião dos consultores e dos empreiteiros sobre o fator mais importante é apresentada na Figura 4.3. Por conseguinte, o calendário é a variável absolutamente mais importante e, a seguir, o custo da construção fora do estaleiro. Na construção fora do estaleiro, o fabrico de elementos em fábricas e a montagem de elementos no local são efectuados em simultâneo, o que resulta numa duração inferior à da construção tradicional.

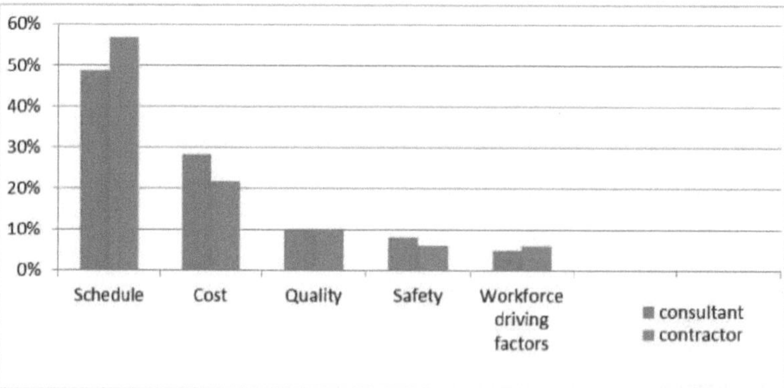

Figura 4.3: Fator único mais importante para a utilização de técnicas de construção fora do local

As perguntas n.º 5 a 21 baseiam-se numa escala de Likert de sete pontos e baseiam-se nas percepções da construção fora do estaleiro do ponto de vista dos consultores e dos empreiteiros. A reação a cada afirmação foi codificada com uma pontuação numérica de 1 a 7, sendo 1: "discordo totalmente"; 2: "discordo modestamente"; 3: "discordo marginalmente"; 4: "neutro"; 5: "concordo marginalmente"; 6: "concordo modestamente" e 7: "concordo totalmente".

A pergunta nº 5 é sobre a capacidade da construção fora do local para limitar as possíveis mudanças que normalmente ocorrem na construção no local. Os pontos de vista do consultor e do empreiteiro sobre a limitação do trabalho no local são apresentados na Figura 4.4.

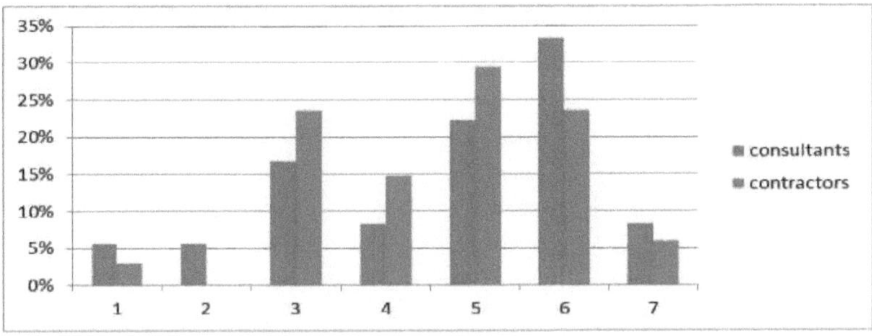

Figura 4.4: Limites das técnicas de construção fora do estaleiro para efetuar alterações no estaleiro

A pergunta nº 6 é sobre a capacidade da construção fora do local para reduzir a duração geral do projeto. Os pontos de vista do consultor e do empreiteiro sobre a duração são apresentados na Figura 4.5.

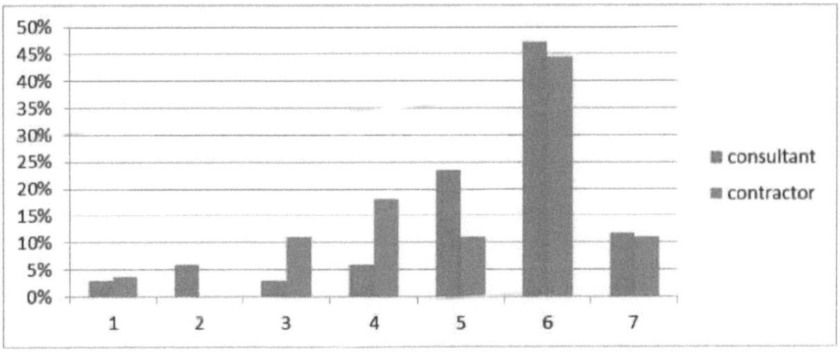

Figura 4.5: As técnicas de construção fora do local reduzem a duração total do projeto

A pergunta nº 7 visa verificar se a utilização de métodos de desenvolvimento fora do local reduz a necessidade de trabalhadores especializados no local. Os pontos de vista dos consultores e dos empreiteiros são apresentados na Figura 4.6

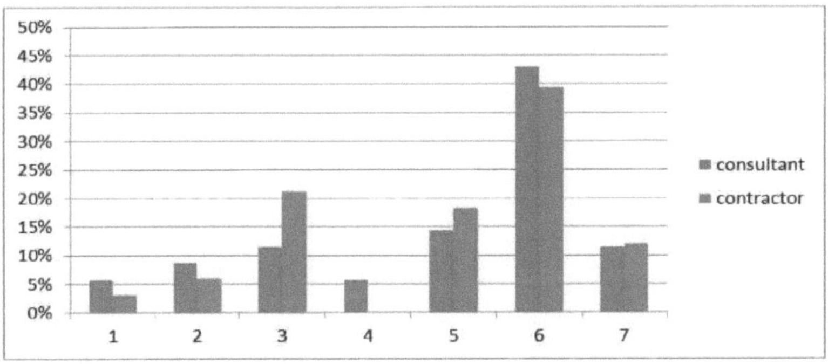

Figura 4.6: A construção fora do estaleiro reduz a necessidade de trabalhadores qualificados no local

A pergunta nº 8 é sobre a utilização de estratégias de desenvolvimento fora do local diminui o custo de desenvolvimento do empreendimento. Os pontos de vista do consultor e do empreiteiro sobre o custo são apresentados na Figura 4.7.

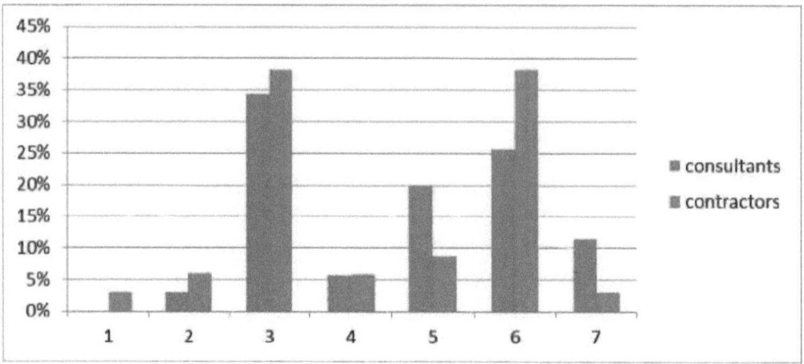

Figura 4.7: As técnicas de construção fora do local reduzem os custos

A pergunta nº 9 é sobre o facto de a utilização de métodos de construção fora do local aumentar ou não a qualidade. Os pontos de vista do consultor e do empreiteiro sobre a qualidade são apresentados na Figura 4.8.

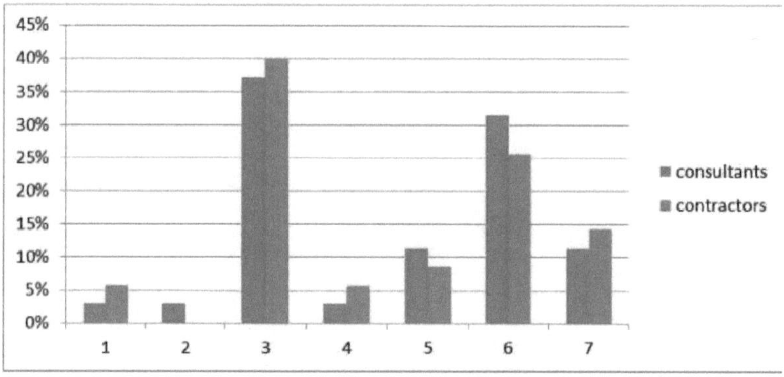

Figura 4.8: A construção fora do local aumenta a qualidade do produto

A pergunta nº 10 é sobre o facto de a utilização de métodos de construção fora do local aumentar ou não a produtividade do trabalho. Os pontos de vista do consultor e do empreiteiro sobre a mão de obra são apresentados na Figura 4.9.

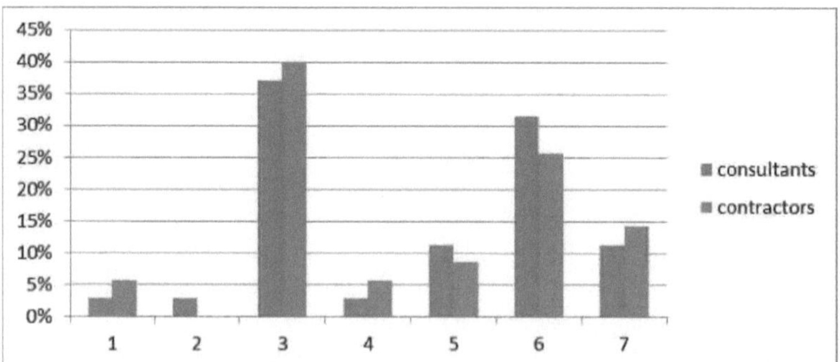

Figura 4.9: As técnicas de construção fora do estaleiro aumentam a produtividade do trabalho

A pergunta n.º 11 é sobre a utilização de métodos de construção fora do local que limitam as opções de conceção. Os pontos de vista do consultor e do empreiteiro sobre as opções de projeto são apresentados na Figura 4.10.

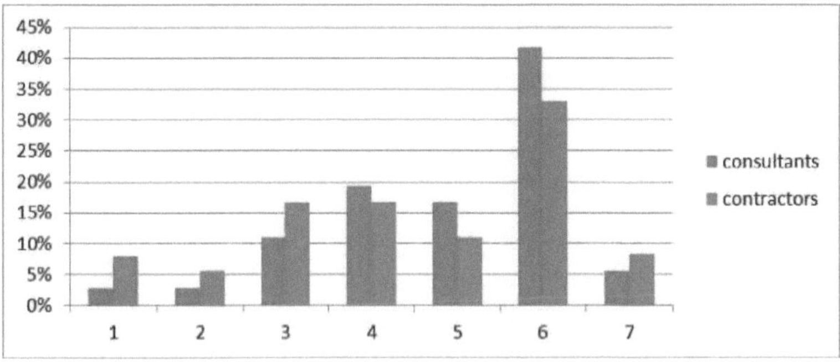

Figura 4.10: A construção fora do local limita as opções de conceção

A pergunta n.º 12 é sobre o facto de a utilização de métodos de construção fora do local da obra aumentar o desempenho em termos de segurança. Os pontos de vista do consultor e do empreiteiro sobre a segurança são apresentados na Figura 4.11.

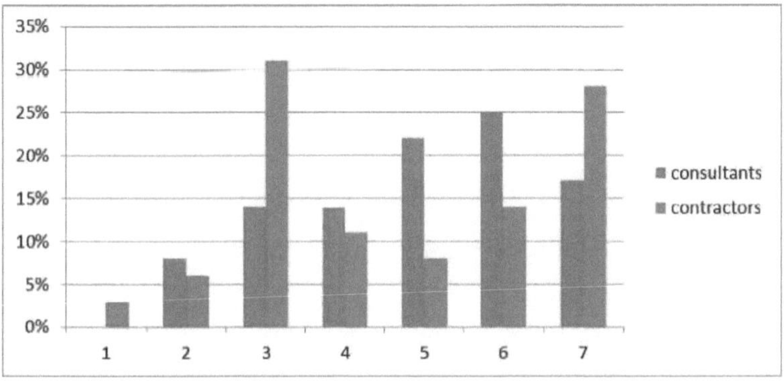

Figura 4.11: A construção fora do estaleiro aumenta o desempenho em termos de segurança

A pergunta nº 13 é sobre a utilização de estratégias de desenvolvimento fora do local diminui a perturbação no local de diferentes operações. Os pontos de vista do consultor e do empreiteiro sobre a perturbação são apresentados na Figura 4.12.

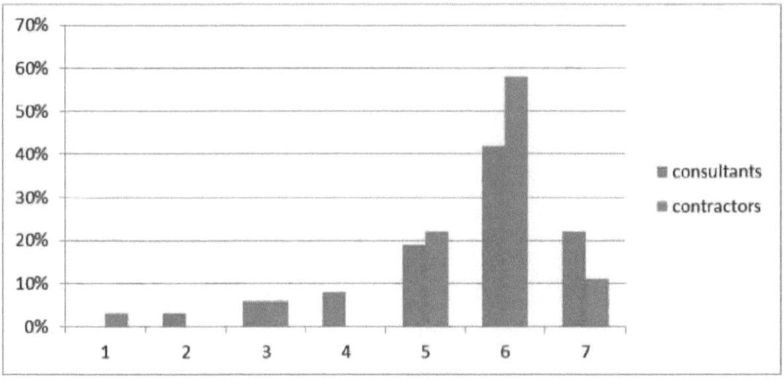

Figura 4.12: A construção fora do local diminui a perturbação de outras operações adjacentes

A pergunta nº 14 é sobre a utilização de métodos de construção fora do local diminui o impacto ambiental negativo dos processos de construção. Os pontos de vista do consultor e do empreiteiro sobre o impacto ambiental são apresentados na Figura 4.13.

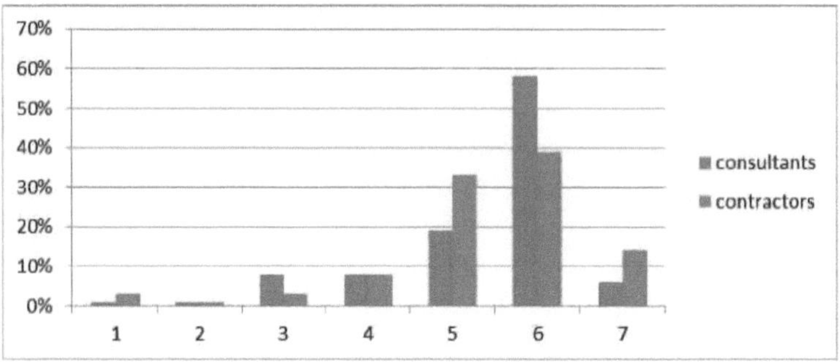

Figura 4.13: A construção fora do local reduz o impacto ambiental

A pergunta nº 15 é sobre os limites da utilização de métodos de construção fora do local devido a restrições de transporte (limitações de tamanho, dinheiro do transporte e efeito sobre as estruturas). As opiniões do consultor e do empreiteiro sobre as restrições de transporte são apresentadas na Figura 4.14.

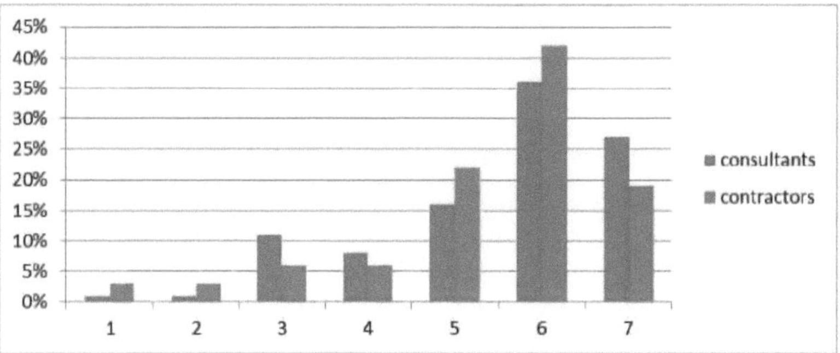

Figura 4.14: As restrições de transporte limitam a utilização da construção fora do local

A pergunta n.º 16 é sobre a utilização de estratégias de construção fora do local aumenta a proficiência do projeto. Os pontos de vista do consultor e do empreiteiro sobre a eficiência do projeto são apresentados na Figura 4.15.

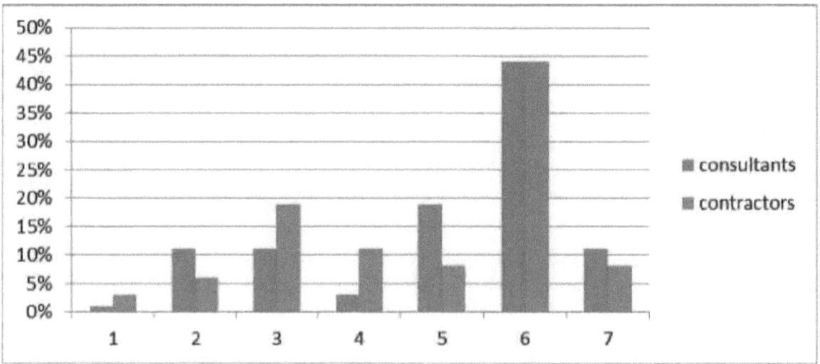

Figura 4.15: A construção fora do local aumenta a eficiência da conceção

A pergunta nº 17 é sobre o facto de a utilização de métodos de construção fora do local aumentar o custo do projeto. Os pontos de vista do consultor e do empreiteiro sobre o custo do projeto são apresentados na Figura

4.16.

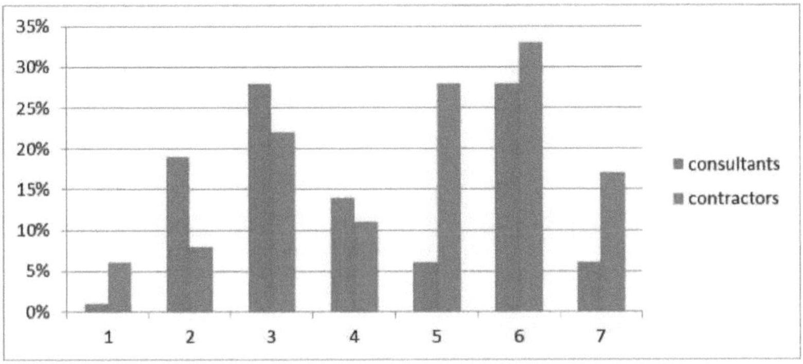

Figura 4.16: A construção fora do local aumenta o custo da conceção

A pergunta nº 18 é sobre o facto de o software reduzir ou não a utilização de métodos externos.

Os pontos de vista do consultor e do contratante sobre o software são apresentados na Figura 4.17.

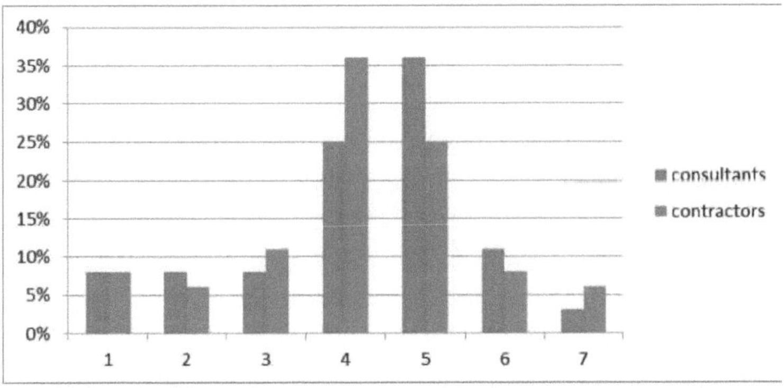

Figura 4.17: Software para a conceção de limites de construção fora do estaleiro

A pergunta nº 19 é sobre a utilização de estratégias externas que aumentam ou não a produtividade da gestão do estaleiro. Os pontos de vista do consultor e do empreiteiro sobre a eficiência da gestão do estaleiro são apresentados na Figura 4.18.

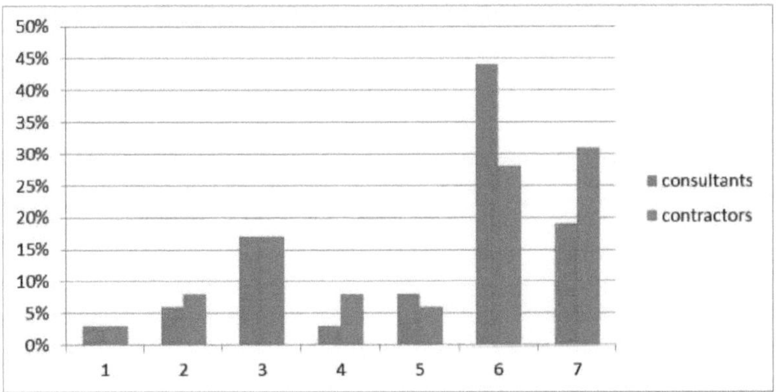

Figura 4.18: A construção fora do local aumenta a eficiência da gestão

A pergunta nº 20 é sobre a utilização de métodos de construção fora do local reduz ou não o congestionamento de mão de obra no local. As opiniões do consultor e do empreiteiro sobre o congestionamento da mão de obra no local são apresentadas na Figura 4.19.

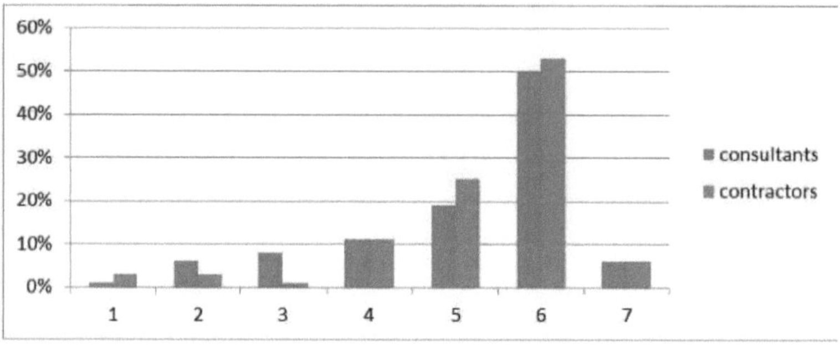

Figura 4.19: As técnicas de construção fora do local diminuem o congestionamento da mão de obra

A pergunta n.º 21 é sobre a utilização de métodos de construção fora do local que aumentam globalmente a poupança de custos ou não. As opiniões do consultor e do empreiteiro sobre a poupança global de custos são apresentadas na Figura 4.20.

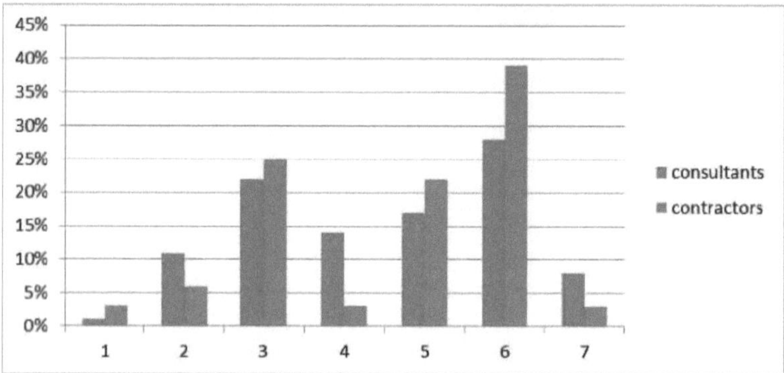

Figura 4.20: As reacções dos consultores e dos empreiteiros às técnicas de construção fora do local aumentam a poupança global de custos

A pergunta n.º 22 é sobre a utilização de construção fora do local aumenta a poupança de mão de obra. Os pontos de vista do consultor e do empreiteiro sobre a poupança de mão de obra são apresentados na Figura 4.21.

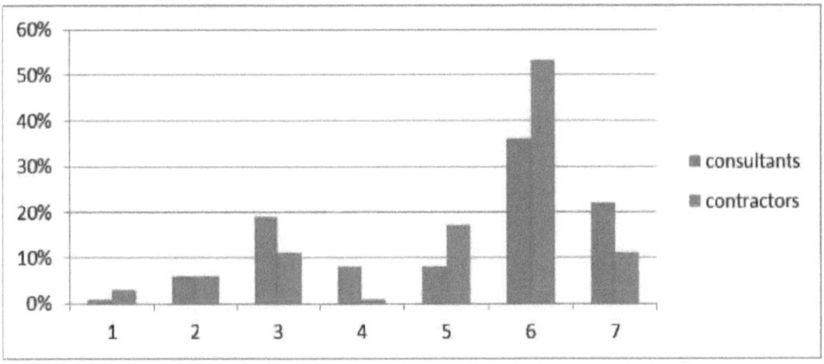

Figura 4.21: Na construção fora do estaleiro são necessários menos trabalhadores

A pergunta nº 23 é sobre a expansão do quadro de planeamento do projeto como um dos obstáculos ao desenvolvimento fora do local ou não. Os pontos de vista do consultor e do empreiteiro sobre o planeamento do projeto são apresentados na Figura 4.22.

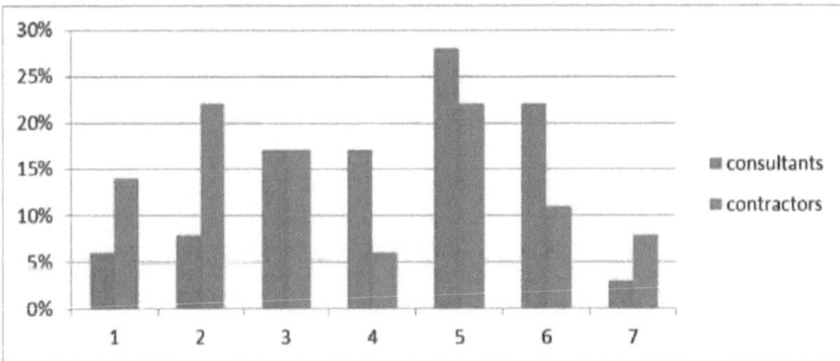

Figura 4.22: O sistema de planeamento do projeto é uma barreira para a construção fora do estaleiro

4.4 ANÁLISE

A análise das afirmações das perguntas 5 a 23 é efectuada através de testes T e ANOVA. Nos testes T, a comparação de médias é feita para aceitar ou rejeitar a afirmação. Em testes hipotéticos, é efectuado o teste T de duas caudas (assumindo variâncias iguais ao nível de significância de 0,05) no software Minitab. Os resultados do teste T de duas caudas são apresentados no ANEXO A. O valor neutro, que é 4, é considerado a média histórica. Os resultados da ANOVA são apresentados no ANEXO B.

Para encontrar as percepções dos consultores e contratantes individualmente e também para fazer as comparações entre eles, temos de assumir cada pergunta como uma afirmação hipotética e depois analisá-la. Por exemplo, para um teste T de amostragem, tomaremos

Hipótese electiva: $\mu \neq 4$

Hipótese conhecida: $\mu = 4$

E para comparar o comportamento dos consultores e dos contratantes, utilizaremos o teste T de duas amostras e tomaremos

Hipótese electiva: μ - empreiteiros $\neq$ μ - consultores

Hipótese conhecida: μ - contratantes = μ - consultores

4.4.1 Exame da declaração de hipóteses das perguntas 5 a 23

Q5. O desenvolvimento fora do local restringe a capacidade de implementar alterações no trabalho no local

Os consultores apresentam uma estimativa T de 2,49, que é mais proeminente do que a estimativa básica T de 1,98 (para 0,05 LOS).

Como $T_{Crítico} < T$, rejeitamos a hipótese nula para os consultores

A média 4,694 é superior a 4, pelo que os consultores concordam ligeiramente. Os contratantes apresentam um valor T de 1,91 que é inferior ao valor de base T 1,98 (para 0,05 LOS).

Uma vez que $T_{Crítico} > T$, não rejeitamos a hipótese nula para os contratantes

A média de 4,472 dá um comportamento neutro dos empreiteiros relativamente à construção fora do local, limitando a capacidade de efetuar alterações no local de trabalho. Agora, comparando as respostas dos consultores e dos empreiteiros a partir de duas amostras do teste T, assumindo variâncias iguais, obtemos um valor T de 0,60, que é $T_{Crítico} > T$, e a estima de P 0,552 é mais proeminente do que 0,05. Na ANOVA, o valor F calculado é inferior ao F crítico (0,897<1,95), pelo que não rejeitamos a hipótese nula.

Q6. As técnicas de construção fora do local diminuem a duração global do projeto

Os consultores dão uma estimativa T de 5,11, que é mais proeminente do que a estimativa discriminante T de 1,98 (para 0,05 LOS).

Uma vez que $T_{Crítico} < T$, rejeitamos a hipótese nula para os consultores

A média 5,222 é ligeiramente superior a 5. Assim, os consultores concordam ligeiramente. O contratante dá uma estimativa T de 0,94, que é inferior à estimativa básica T de 1,98 (para 0,05 LOS).

Uma vez que $T_{Crítico} > T$, não rejeitamos a hipótese nula para os contratantes

A média de 4,306 indica que o comportamento neutro dos empreiteiros relativamente à construção fora do local reduz a duração global do projeto. Agora, compare as respostas do consultor e do empreiteiro com o teste T de duas amostras, assumindo variâncias iguais. O valor de T é 1,9, ou seja, $T_{crítico} > T$, e o valor de P 0,06 é mais proeminente do que 0,05. Na ANOVA, o valor F calculado é inferior ao F crítico (0,602<1,95), pelo que não rejeitamos a hipótese nula.

Q7 A utilização de estratégias de desenvolvimento fora do local diminui a necessidade de trabalhadores qualificados no local

O consultor dá uma estimativa T de 2,66, que é mais notável do que a estimativa básica T de 1,98 (para 0,05 LOS).

Dado que $T_{Crítico} < T$, rejeita-se a hipótese nula para os consultores

A média 4,806 é ligeiramente inferior a 5, pelo que os consultores concordam ligeiramente. O contratante dá uma estimativa T de 2,22, que é mais notável do que a estimativa discriminante T de 1,98 (para 0,05 LOS).

Uma vez que $T_{Crítico} < T$, rejeita-se a hipótese nula para os contratantes

A média de 4,667 indica que o comportamento dos empreiteiros relativamente à utilização de estratégias de desenvolvimento fora do local diminui a necessidade de trabalhadores qualificados no local. Agora compare as respostas do consultor e do empreiteiro com o teste T de duas amostras, assumindo variâncias iguais. O valor de T é 0,33, ou seja, $T_{Critical} > T$, e o valor de P 0,746 é superior a 0,05. Na ANOVA, o valor F calculado é inferior ao valor F crítico (1,207<1,95), pelo que não é possível rejeitar a hipótese nula.

Q8. A utilização de estratégias de desenvolvimento fora do local diminui o custo de desenvolvimento

O consultor fornece uma estimativa T de 2,05, que é mais proeminente do que a estimativa básica T de 1,98 (para 0,05 LOS).

Uma vez que $T_{Crítico} < T$, rejeitamos a hipótese nula para os consultores

A média 4,556 é ligeiramente inferior a 5, pelo que os consultores concordam ligeiramente. O contratante dá uma estimativa T de 0,88, que é inferior ao valor discriminante T de 1,98 (para 0,05 LOS).

Uma vez que $T_{Crítico} > T$, não rejeitamos a hipótese nula para os contratantes

A média de 4,250 indica que o comportamento neutro dos empreiteiros relativamente à construção fora do local reduz o custo de construção do projeto. Agora, compare as respostas dos consultores e dos empreiteiros com o teste T de duas amostras, assumindo variâncias iguais. O valor de T é 0,78, ou seja, $T_{crítico} > T$, e o valor de P 0,438 é superior a 0,05. Na ANOVA, o valor F calculado é inferior ao F crítico (0,400<1,95), pelo que não rejeitamos a hipótese nula.

Q9. A utilização de estratégias de desenvolvimento fora do local de trabalho aumenta a qualidade do item

O consultor dá uma estimativa T de 1,73, que é inferior à estimativa básica T de 1,98 (para 0,05 LOS).

Uma vez que $T_{Crítico} > T$, não é possível rejeitar a hipótese nula para os consultores

A média 4,5 é ligeiramente inferior a 5, pelo que os consultores concordam ligeiramente. O contratante dá uma estimativa T de 1,61, que é inferior ao valor discriminante T de 1,98 (para 0,05 LOS).

Uma vez que $T_{Crítico} > T$, não rejeitamos a hipótese nula para os contratantes

A média de 4,472 indica que o comportamento neutro dos empreiteiros relativamente à utilização de estratégias de desenvolvimento fora do local expande a qualidade do item. Agora, compare as respostas dos consultores e dos empreiteiros com o teste T de duas amostras, assumindo variâncias iguais. O valor de T é 0,07, ou seja, $T_{Critical} > T$, e o valor de P 0,946 é superior a 0,05. Na ANOVA, o valor F calculado é inferior ao F crítico (0,333<1,95), pelo que não rejeitamos a hipótese nula.

Q10. Os métodos fora do local de trabalho aumentam a produtividade do trabalho

O consultor apresenta um valor T de 4,89, que é superior à estima discriminante T de 1,98 (para 0,05 LOS).

Uma vez que $T_{Crítico} < T$, rejeitamos a hipótese nula para os consultores

A média 5,139 é ligeiramente inferior a 5, pelo que os consultores concordam ligeiramente. Os contratantes apresentam um valor T de 7,14, que é superior à estima discriminante T de 1,98 (para 0,05 LOS).

Uma vez que $T_{Crítico} < T$, rejeitamos a hipótese nula para os contratantes

A média de 5,333 indica que os empreiteiros concordam ligeiramente com o facto de a utilização de métodos fora do local de trabalho aumentar a produtividade do trabalho. Agora compare as respostas dos consultores e dos empreiteiros com o teste T de duas amostras, assumindo variâncias iguais. O valor de T é -0,65, ou seja, $T_{Crítico}$ (-1,98) > T, e o valor de P 0,946 é superior a 0,05. Na ANOVA, o valor F calculado é inferior ao F crítico (0,275<1,95), pelo que não rejeitamos a hipótese nula.

Q11. As técnicas de construção fora do local limitam as opções de conceção

Os consultores dão uma estimativa T de 3,87, que é mais proeminente do que a estimativa básica T 1,98 (para 0,05 LOS).

Uma vez que $T_{Crítico} < T$, rejeitamos a hipótese nula para os consultores

A média 4,917 é ligeiramente inferior a 5, pelo que os consultores concordam ligeiramente. O contratante apresenta um valor T de 1,68 que é inferior ao valor T de base 1,98 (para 0,05 LOS).

Uma vez que $T_{Crítico} > T$, não rejeitamos a hipótese nula para os contratantes

A média 4,5 indica que os empreiteiros concordam ligeiramente com a utilização de procedimentos de desenvolvimento fora do local que limitam as opções de projeto. Agora compare as respostas dos consultores e dos empreiteiros com o teste T de duas amostras, assumindo variâncias iguais. Obtém-se um valor T de 1,10, em que $T_{Crítico}$ (1,98) > T, o valor de P 0,276 é mais proeminente do que 0,05. Na ANOVA, o valor F calculado é inferior ao F crítico (0,138<1,95), pelo que não rejeitamos a hipótese nula.

Q12. As técnicas de construção fora do estaleiro aumentam o desempenho em termos de segurança

Os consultores dão uma estimativa T de 3,53, que é mais proeminente do que a estimativa básica T 1,98 (para 0,05 LOS).

Uma vez que $T_{Crítico} < T$, rejeitamos a hipótese nula para os consultores

A média 4,917 é ligeiramente inferior a 5. Por conseguinte, os consultores concordaram ligeiramente. Os contratantes dão um valor T de 2,22 que é mais proeminente do que o valor de base T 1,98 (para 0,05 LOS).

Uma vez que $T_{Crítico} < T$, rejeitamos a hipótese nula para os contratantes

A média de 4,694 indica que os empreiteiros concordam ligeiramente com a utilização do sistema de desenvolvimento fora do local para a construção da execução da segurança. Agora compare as respostas dos consultores e dos empreiteiros com o teste T de duas amostras, assumindo variâncias iguais. Obtém-se um valor T de 0,55 em que $T_{Crítico}$ (1,98) > T, e o valor P 0,587 é mais proeminente do que 0,05. Na ANOVA, o valor F calculado é inferior ao F crítico (1,572<1,95), pelo que não rejeitamos a hipótese nula.

Q13. O desenvolvimento fora do local diminui a perturbação no local de outras operações vizinhas

Os consultores dão um valor T de 7,60 que é superior ao valor de base T 1,98 (para 0,05 LOS).

Uma vez que $T_{Crítico} < T$, rejeitamos a hipótese nula para os consultores

A média 5,583 é ligeiramente inferior a 6, pelo que os consultores concordam moderadamente. O contratante apresenta um valor T de 8,05, que é superior ao valor crítico T de 1,98 (para um nível de significância de 0,05).

Uma vez que $T_{Crítico} < T$, rejeitamos a hipótese nula para os contratantes

A média de 5,583 indica que os empreiteiros concordam moderadamente que a utilização de técnicas de construção fora do local reduz a perturbação de outras operações adjacentes no local. Compare agora as respostas dos consultores e dos empreiteiros com o teste T de duas amostras, assumindo variâncias iguais. Obtém-se um valor T de -0,00, em que $T_{Crítico}$ (1,98) > T, e o valor P de 1,000 é superior a 0,05. Na ANOVA, o valor F calculado é inferior ao F crítico (0,532<1,95), pelo que não rejeitamos a hipótese nula. **Q14. A construção fora do estaleiro reduz o impacto ambiental negativo**

O consultor apresenta um valor T de 8,44, que é superior ao valor T estimado de 1,98 (para 0,05 LOS).

Uma vez que $T_{Crítico} < T$, rejeita-se a hipótese nula para os consultores

A média 5,444 é ligeiramente superior a 5, pelo que os consultores concordam ligeiramente. O contratante apresenta um valor T de 7,06, que é superior ao valor T estimado de 1,98 (para 0,05 LOS).

Uma vez que $T_{Crítico} < T$, rejeita-se a hipótese nula para os contratantes

A média de 5,417 indica que os empreiteiros concordam ligeiramente com o facto de a utilização de técnicas de construção fora do local reduzir o impacto ambiental negativo. Agora, compare as respostas dos consultores e dos empreiteiros com o teste T de duas amostras, assumindo variâncias iguais. Obtém-se um valor T de 0,11, em que $T_{Critical}$ (1,98) > T, e a estima de P 0,916 é mais proeminente do que 0,05. Na ANOVA, o valor F calculado é inferior ao F crítico (0,991<1,95), pelo que não rejeitamos a hipótese nula.

Q15. As restrições de transporte limitam a utilização de construção fora do local

O consultor apresenta um valor T de 7,47, que é superior ao valor T estimado de 1,98 (para 0,05 LOS).

Uma vez que $T_{Crítico} < T$, rejeitamos a hipótese nula para os consultores

A média 5,611 é ligeiramente inferior a 6, pelo que os consultores concordam moderadamente. O contratante apresenta um valor T de 6,09, que é superior ao valor T estimado de 1,98 (para 0,05 LOS).

Uma vez que $T_{Crítico} < T$, rejeitamos a hipótese nula para os contratantes

A média de 5,444 indica um comportamento ligeiramente concordante dos empreiteiros relativamente às restrições de transporte (requisitos de tamanho, custo de transporte e efeito sobre as estruturas do edifício) que limitam a utilização de procedimentos de desenvolvimento fora do local. Agora compare as respostas dos consultores e dos empreiteiros com o teste T de duas amostras, assumindo variâncias iguais. Obtém-se um valor T de 0,52, em que T Critical (1,98) > T, e o valor P 0,605 é mais proeminente do que 0,05. Na ANOVA, o valor F calculado é inferior ao valor F crítico (0,318<1,95), pelo que não rejeitamos a hipótese nula.

Q16. A utilização de métodos fora do local aumenta a eficiência do projeto

O consultor apresenta um valor T de 4,18, que é superior ao valor T estimado de 1,98 (para 0,05 LOS).

Uma vez que $T_{Crítico} < T$, rejeitamos a hipótese nula para os consultores

A média de 5,083 é ligeiramente de acordo. Por conseguinte, os consultores concordam ligeiramente. O contratante apresenta um valor T de 3,07, que é superior ao valor T estimado de 1,98 (para 0,05 LOS).

Uma vez que $T_{Crítico} < T$, rejeitamos a hipótese nula para os contratantes

A média de 4,833 dá uma ligeira concordância do comportamento dos empreiteiros relativamente à utilização de métodos externos que aumentam a eficiência do projeto. Agora compare as respostas do consultor e do empreiteiro com o teste T de duas amostras, assumindo variâncias iguais. Obtém-se um valor T de 0,67 em que T Crítico (1,98) > T, e o valor P 0,508 é mais proeminente do que 0,05. Na ANOVA, o valor F calculado é inferior ao valor F crítico (0,337<1,95), pelo que não rejeitamos a hipótese nula.

Q17. A construção fora do local aumenta o custo da conceção

O consultor dá uma estimativa T de 0,40, que é inferior à estimativa básica T de 1,98 (para 0,05 LOS).

Uma vez que $T_{Crítico} > T$, não é possível rejeitar a hipótese nula para os consultores

A média de 4,111 indica que o comportamento dos consultores é neutro. Os contratantes dão uma estimativa T de 2,02, que é mais notável do que a estimativa básica T de 1,98 (para 0,05 LOS).

Uma vez que $T_{Crítico} < T$, rejeitamos a hipótese nula para os contratantes

A média de 4,639 indica que os empreiteiros concordam ligeiramente com o facto de a construção fora do local aumentar o custo do projeto. Agora, compare as respostas dos consultores e dos empreiteiros com o teste T de duas amostras, assumindo variâncias iguais. Obtém-se um valor T de -1,25 em que T Crítico (-1,98) > T, e o valor P 0,215 é mais proeminente do que 0,05. Na ANOVA, o valor F calculado é inferior ao valor F crítico (1,54<1,95), pelo que não é possível rejeitar a hipótese nula.

Q18. O software de conceção de projectos fora do local limita a sua utilização

O consultor dá uma estimativa T de 0,67, que é inferior ao valor discriminante T de 1,98 (para 0,05 LOS).

Uma vez que $T_{Crítico} > T$, não é possível rejeitar a hipótese nula para os consultores

A média de 4,167 mostra que o comportamento do consultor é neutro. O contratante dá uma estimativa T de 0,45, que é inferior à estimativa discriminante T de 1,98 (para 0,05 LOS).

Uma vez que $T_{Crítico} > T$, não rejeitamos a hipótese nula para os contratantes

A média de 4,111 mostra que o comportamento neutro dos empreiteiros em relação ao software para a conceção de empreendimentos fora do local limita a sua utilização. Agora compare as respostas dos consultores e dos empreiteiros com o teste T de duas amostras, assumindo variâncias iguais. Obtém-se um valor T de 0,16, em que T crítico (1,98) > T, e a estima de P 0,875 é mais proeminente do que 0,05. Na ANOVA, o valor F calculado é inferior ao F crítico (0,760<1,95), pelo que não rejeitamos a hipótese nula.

Q19. A construção fora do estaleiro aumenta a eficiência da gestão do estaleiro

Os consultores dão um valor T de 4,21, que é superior ao valor T estimado de 1,98 (para 0,05 LOS).

Uma vez que $T_{Crítico} < T$, rejeitamos a hipótese nula para os consultores

A média 5,194 mostra que os consultores concordam ligeiramente que as técnicas de construção fora do estaleiro aumentam a eficácia da gestão. O contratante apresenta uma estimativa T de 3,55, que é superior ao valor da estimativa T de 1,98 (para 0,05 LOS).

Uma vez que $T_{Crítico} < T$, rejeitamos a hipótese nula para os contratantes

A média de 5,111 mostra que os empreiteiros concordam ligeiramente que a construção fora do local aumenta a eficácia da gestão. Agora, compare as respostas dos consultores e dos empreiteiros com o teste T de duas amostras, assumindo variâncias iguais. Obtém-se um valor T de 0,20, em que $T_{Crítico}$ (1,98) > T, e o valor P de 0,844 é mais proeminente do que 0,05. Na ANOVA, o valor F calculado é inferior ao F crítico (1,599<1,95), pelo que não rejeitamos a hipótese nula.

Q20. A utilização de construção fora do estaleiro diminui o congestionamento de mão de obra no local

O consultor apresenta um valor T de 5,39, que é superior ao valor T estimado de 1,98 (para 0,05 LOS).

Uma vez que $T_{Crítico} < T$, rejeitamos a hipótese nula para os consultores

A média 5,167 mostra que os consultores concordam ligeiramente que as técnicas de construção fora do estaleiro diminuem o congestionamento da mão de obra no estaleiro. O empreiteiro apresenta um valor T de 6,56, que é superior ao valor T estimado de 1,98 (para 0,05 LOS).

Uma vez que $T_{Crítico} < T$, rejeitamos a hipótese nula para os contratantes

A média de 5,333 mostra que os empreiteiros concordam ligeiramente que as técnicas de construção fora do estaleiro diminuem o congestionamento da mão de obra no estaleiro. Compare agora as respostas dos consultores e dos empreiteiros com dois testes T de amostragem, assumindo variâncias iguais. Obtém-se um valor T de -0,56, em que T Crítico (-1,98) > T, e o valor P de 0,576 é mais proeminente do que 0,05. Na ANOVA, o valor F calculado é inferior ao F crítico (0,553<1,95), pelo que não rejeitamos a hipótese nula.

Q21. A utilização de desenvolvimento fora do local aumenta a poupança de custos

O consultor apresenta uma estimativa T de 2,01, que é mais proeminente do que a estimativa discriminante T de 1,98 (para 0,05 LOS).

Uma vez que T Crítico < T, rejeitamos a hipótese nula para os consultores

A média de 4,528 mostra que os consultores concordam ligeiramente que o comportamento em relação às técnicas de construção fora do local aumenta a poupança global de custos. Apresenta os resultados do teste T para os empreiteiros. Os empreiteiros apresentam uma estimativa T de 2,47, que é mais notável do que a estimativa básica T de 1,98 (para um nível de significância de 0,05).

Uma vez que T Crítico <T, rejeitamos a hipótese nula para os contratantes

A média de 4,639 mostra que os empreiteiros concordam ligeiramente que as técnicas de construção fora do local aumentam a poupança global de custos. Compare agora as respostas dos consultores e dos empreiteiros com o teste T de duas amostras, assumindo variâncias iguais. Obtém-se um valor T de -0,30, em que T Crítico (-1,98) > T, e o valor de P 0,764 é superior a 0,05. Na ANOVA, o valor F calculado é inferior ao F crítico (0,207<1,95), pelo que não rejeitamos a hipótese nula.

Q22. A utilização de construção fora do local reduz a necessidade de mão de obra

O consultor apresenta um valor T de 4,29, que é superior ao valor T estimado de 1,98 (para 0,05 LOS).

Uma vez que T Crítico < T, rejeitamos a hipótese nula para os consultores

A média de 5,167 mostra que os consultores concordam ligeiramente que o comportamento em relação às técnicas de construção fora do local aumenta a poupança de mão de obra. O empreiteiro apresenta um valor T de 4,88 que é superior ao valor T estimado de 1,98 (para 0,05 LOS).

Uma vez que T Crítico <T, rejeitamos a hipótese nula para os contratantes

A média de 5,250 mostra que os empreiteiros concordam ligeiramente que as técnicas de construção fora do local aumentam a poupança de mão de obra. Agora, compare as respostas dos consultores e dos empreiteiros com o teste T de duas amostras, assumindo variâncias iguais. Obtém-se um valor T de -0,22, em que T Crítico (-1,98) > T, e o valor de P 0,8244 é superior a 0,05. Na ANOVA, o valor F calculado é inferior ao F crítico (0,538<1,95), pelo que não rejeitamos a hipótese nula.

Q23. O planeamento é uma barreira para os métodos externos

O consultor apresenta um valor T de 1,19, que é inferior ao valor T estimado de 1,98 (para um nível de significância de 0,05).

Uma vez que T Crítico >T, não rejeitamos a hipótese nula para os consultores

A média de 4,306 mostra que o comportamento neutro dos consultores relativamente ao aumento da complexidade do sistema de planeamento do projeto é um obstáculo à construção fora do local. O empreiteiro apresenta um valor T de -1,04 que é inferior ao valor T estimado -1,98 (para 0,05 LOS).

Uma vez que T Crítico >T, não rejeitamos a hipótese nula para os contratantes

A média de 3,667 mostra o comportamento neutro dos empreiteiros quanto ao facto de o planeamento ser ou não uma barreira para os métodos externos. Agora compare as respostas dos consultores e dos empreiteiros com o teste T de duas amostras, assumindo variâncias iguais. Mostra um valor T de 1,55, em que T Crítico (1,98) > T, e o valor de P 0,125 é mais digno de nota do que 0,05. Na ANOVA, o valor F calculado é inferior ao F crítico (1,616<1,95), pelo que não rejeitamos a hipótese nula.

Declaração de hipóteses de perguntas	Os sultauts	Empreiteiros	Difícil.
As técnicas de extração fora do local limitam a capacidade de efetuar alterações no local de trabalho	Aceitar	Aceitar	Não

Reduz a duração	Aceitar	Aceitar	Não
As técnicas de construção fora do local reduzem a necessidade de trabalhadores qualificados no local	Aceitar	Aceitar	Não
As técnicas de construção fora do local reduzem o custo de construção do projeto	Aceitar	Aceitar	Não
As técnicas de construção fora do estaleiro aumentam a qualidade dos produtos	Rejeitar	Rejeitar	Não
As técnicas de construção no exterior aumentam a produtividade global do trabalho	Aceitar	Aceitar	Não
As técnicas de construção no exterior limitam as opções de conceção	Rejeitar	Rejeitar	Não
Técnicas de construção no exterior aumentam o desempenho em termos de segurança	Aceitar	Aceitar	Não
As técnicas de construção fora do local reduzem a destruição no local de outras operações adjacentes	Aceitar	Aceitar	Não
As técnicas de construção fora do local reduzem o impacto ambiental negativo das operações de construção	Aceitar	Aceitar	Não
As restrições de transporte (restrições de tamanho, custo de transporte e impacto nas estruturas do edifício) limitam a utilização de técnicas de construção fora do local	Aceitar	Aceitar	Não
As técnicas de construção fora do local aumentam a eficiência da conceção do projeto	Aceitar	Aceitar	Não
As técnicas de construção no exterior aumentam o custo do projeto	Aceitar	Rejeitar	Não
O software informático complicado para a conceção de técnicas de construção fora do local limita a sua utilização	Rejeitar	Rejeitar	Não
As técnicas de construção fora do estaleiro aumentam a eficiência da gestão do estaleiro	Aceitar	Aceitar	Não
As técnicas de construção fora do estaleiro diminuem o congestionamento de mão de obra no estaleiro	Aceitar	Aceitar	Não
As técnicas de construção no exterior aumentam a poupança global de custos	Aceitar	Aceitar	Não
As técnicas de construção no exterior aumentam as poupanças de mão de obra	Aceitar	Aceitar	Não

Quadro 4.2: Resumo dos testes hipotéticos relativos às perguntas n.ºs 5 a 23

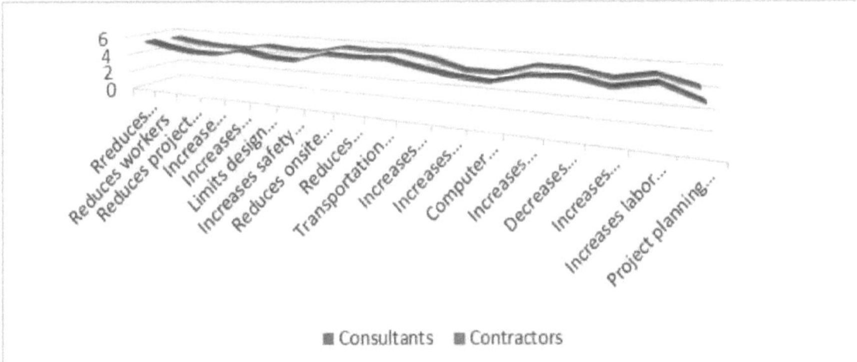

Figura 4.23: Reacções dos consultores e dos empreiteiros sobre a construção fora do estaleiro

A Figura 4.23 mostra a linha de tendência dos consultores e empreiteiros relativamente à construção fora do local e a Figura 4.24 mostra a relação linear. O R quadrado é de 90,9%, o que é considerado um modelo muito bom. Por conseguinte, as respostas dos consultores e dos empreiteiros sobre a construção fora do estaleiro apresentam uma relação linear entre si. O resumo do modelo é apresentado no ANEXO C.

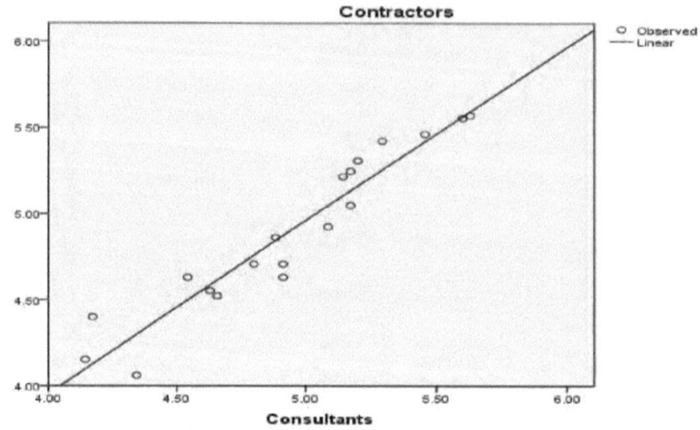

Figura 4.24: Relação linear entre consultores e empreiteiros sobre a construção fora do estaleiro

Correlação de Spearman	Consultores Classificação	Empreiteiros Classificação	di	di^2	$6 \times di^2$	n	$n(n^2-1)$	ρ
Reduz a duração	1	1	0	0	0	70	342930	1
Restrições de transporte	2	2	0	0	0	70	342930	1
Reduz a perturbação no local de	3	3	0	0	0	70	342930	1
outras operações adjacentes	4	4	0	0	0	70	342930	1
Reduz o impacto ambiental								
de operações de construção Aumenta a poupança de mão de obra	5	5	0	0	0	70	342930	1
Diminui a mão de obra no local	6	6	0	0	0	70	342930	1
congestionamento	7	7	0	0	0	70	342930	1
Aumenta a produtividade								
Aumenta a eficiência da gestão do local de trabalho	8	8	0	0	0	70	342930	1
Aumenta a eficiência da conceção do projeto	9	9	0	0	0	70	342930	1
Reduzir o número de trabalhadores	10	12	-2	4	24	70	342930	0.9
Limita as alterações nos trabalhos no local	11	13	-2	4	24	70	342930	0.9
Limita as opções de conceção	12	10	2	4	24	70	342930	0.9
Aumenta o desempenho da segurança	13	11	2	4	24	70	342930	0.9
Aumenta a poupança global de custos	14	16	-2	4	24	70	342930	0.9
Aumentar a qualidade do produto	15	15	0	0	0	70	342930	1
Reduz o custo do projeto	16	14	2	4	24	70	342930	0.9
Aumenta o custo do projeto	17	18	-1	1	6	70	342930	1
Os programas informáticos de conceção limitam a sua utilização	18	19	-1	1	6	70	342930	1

O planeamento é uma barreira para a construção fora do local	19	17	2	4	24	70	342930	0.9

Quadro 4.3: Correlação de Spearman entre consultores e contratantes das perguntas n.ºs 5 a 23

O quadro 4.3 apresenta a correlação de Spearman entre os consultores e os empreiteiros das perguntas n.º 5 a 23 sobre a construção fora do estaleiro. A correlação de Spearman é uma correlação de classificação baseada em consultores e empreiteiros. O valor de correlação 1 mostra que existe o mesmo comportamento de classificação entre consultores e empreiteiros.

$\Sigma\ di^2$	30
$6 \times \Sigma$	180
N	70
$n(n^2-1)$	342930
P	0.999475

Ao fazer a correlação global da classificação de Spearman entre consultores e empreiteiros, obtemos 0,999475 de semelhança de classificação entre consultores e empreiteiros sobre a construção fora do estaleiro.

4.4.2 Comparação de subgrupos

Categoria do contratante

Agora, ao comparar os subgrupos da categoria PEC dos contratantes, verifica-se que têm ou não as mesmas percepções. Os valores médios das respostas são apresentados no Quadro 4.4

Declaração de hipóteses de perguntas	CA	CB	Cl	C2	C3	C4	C5	C6
A técnica de construção fora do local limita a capacidade de efetuar alterações no local de trabalho	3.S	5.1	4.3	4.5	4.7	6	3.7	4.5
As técnicas de construção fora do local reduzem o calendário global do projeto	5	5.S	5.3	5.5	6	6.2	6	6
As técnicas de construção fora do local reduzem a necessidade de trabalhadores qualificados no local	5	4.1	5.3	4.5	6.2	4.6	4.7	6.5
As técnicas de construção fora do local reduzem o custo de construção do projeto	3.6	4 6	4.7	5.2	4.5	3.8	4.3	6
As técnicas de construção fora do estaleiro aumentam a qualidade do pro<iict	4	5.2	4	5.2	4.2	4.S	5	4.5
As técnicas de construção fora do estaleiro aumentam a produtividade global do trabalho	5	5.5	5.7	5	5.5	5.6	6	6
As técnicas de construção no exterior limitam as opções de conceção	4	5.2	6	4.7	5	3.4	3.3	3.5
Técnicas de construção no exterior aumentam o desempenho em termos de segurança	3.6	5	3.3	4.7	4.7	4.S	3.3	5
As técnicas de construção fora do local reduzem a perturbação no local de outras operações adjacentes	4.6	6	5.3	6	5.7	5.6	6.3	5.5
As técnicas de construção no exterior reduzem o impacto ambiental negativo das operações de construção	4.7	5.7	5.7	5.7	5.7	5 S	5.6	4.5
As restrições de transporte limitam a utilização de técnicas de construção fora do local	5.3	5.3	5.7	5.2	6	5.6	5.3	6
As técnicas de construção fora do local aumentam a eficiência da conceção do projeto	4	4.5	5.7	5.2	5.5	5.4	5	5
As técnicas de construção fora do local aumentam o custo do projeto	4.3	5.6	4.3	4.2	5.2	5	4.7	4
Os complicados programas informáticos destinam-se à conceção de técnicas de construção fora do local, o que limita a sua utilização	3.6	4.7	4.3	4.5	5	4.4	2.7	4.5
Técnicas de construção fora do estaleiro aumentam a eficiência da gestão do estaleiro	4.7	5.S	6	4.2	5	5.4	5.3	4.5
As técnicas de construção fora do estaleiro diminuem a construção no local 1 abolir o congestionamento	4.S	5.S	5.7	4.7	5.5	5.S	5	5.5
As técnicas de construção no exterior aumentam a poupança global de custos	3.6	5.1	4.7	6	4	4.S	4	6.5

As técnicas de construção fora do estaleiro aumentam a poupança de mão de obra	4.6	5.5	5.7	6.2	6	4.6	4.7	6
A complexidade acrescida do sistema de planeamento do projeto é um dos obstáculos à construção fora do local?	4.1	3.7	3	3.7	3.25	5	3.7	3.5

Quadro 4.4: Resumo das respostas da categoria do contratante

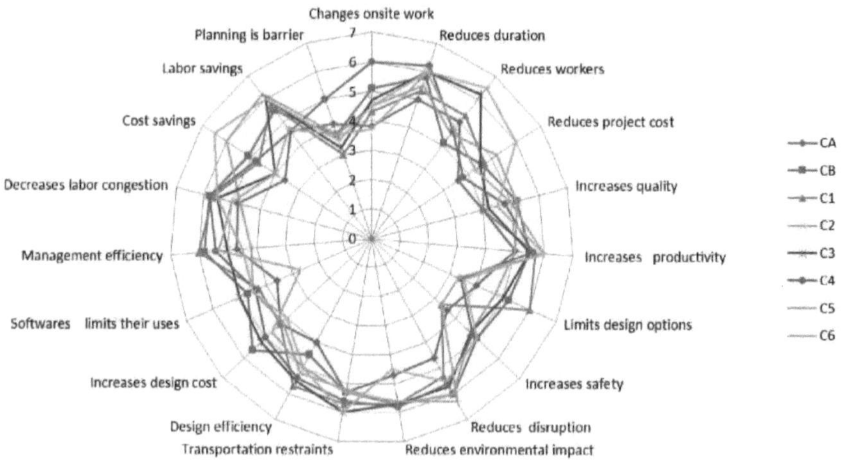

Figura 4.25: Percepções das categorias do contratante

1) Apenas CB, C4 e C3 concordaram que limita fazer mudanças no trabalho no local, enquanto as outras categorias dão um comportamento neutro.

2) Todas as categorias concordaram que diminui a duração do projeto.

3) A categoria CB e C2 apresenta um comportamento neutro, enquanto as outras categorias concordam que reduz a necessidade de trabalhadores qualificados.

4) CA, C4 e C5 apresentam um comportamento neutro, enquanto as restantes categorias concordam que reduz o custo de construção do projeto.

5) CB, C2 e C5 concordam que aumenta a qualidade do produto, enquanto as outras categorias apresentam um comportamento neutro.

6) Todas as categorias concordaram que aumenta a produtividade do trabalho.

7) As categorias CB, C1, C2 e C3 concordaram que limita as opções de conceção, enquanto a categoria CA deu um comportamento neutro e as categorias C4, C5 e C6 discordaram.

8) CB, C2, C3, C4 e C6 concordaram que aumenta o desempenho em matéria de segurança, enquanto C1 e C4 discordaram e CA apresentou um comportamento neutro.

9) Todas as categorias concordaram que diminui a perturbação de outras operações no local.

10) Todas as categorias concordaram que diminui o impacto ambiental negativo de outras operações

11) Todas as categorias concordaram que as restrições de transporte limitam a sua utilização.

12) A categoria CA apresenta um comportamento neutro, enquanto as outras categorias concordam que aumenta a eficiência da conceção do projeto.

13) CB, C3, C4 e C5 concordam que aumenta o custo do projeto, enquanto CA, C1, C2 e C6 apresentam um comportamento neutro.

14) CB e C3 concordaram que os programas informáticos complexos limitam a sua utilização, enquanto C5 discordou e CA, C1, C2, C4 e C6 mostraram um comportamento neutro.

15) C2 e C6 mostram um comportamento neutro, enquanto as outras categorias concordam que aumenta a eficiência da gestão no local de trabalho.

16) Todas as categorias concordaram que diminui o congestionamento de trabalho no local.

17) CB, C1, C2, C4 e C6 concordam que aumenta a poupança global de custos, enquanto CA, C3 e C5 apresentam um comportamento neutro.

18) Todas as categorias concordaram que aumenta a poupança de mão de obra.

19) C1, C3 e C6 discordaram, C4 concordou, enquanto CA, CB, C2, C4 e C5 deram um comportamento neutro quanto ao facto de o planeamento de um projeto complexo ser um desafio para a construção fora do estaleiro.

Classificação	CA	CB	C1	C2	C3	C4	C5	C6
Restrições de transporte	1	7	3	5	2	4	4	3
Reduz a duração	2	1	1	1	1	1	1	1
Reduzir o número de trabalhadores	3	13	4	8	1	8	6	2
Aumenta a produtividade	4	6	3	6	4	4	5	3
Diminui o congestionamento de mão de obra no local	5	3	3	7	4	3	1	4
Reduz o impacto ambiental de operações de construção	6	4	3	4	3	3	3	6
Aumenta a eficiência da gestão do local de trabalho	7	3	2	8	6	5	4	6
Reduz a perturbação no local de outras instalações adjacentes operações	8	2	4	3	3	4		4
Aumenta a poupança de mão de obra	9	6	3	2	2	8	6	3
Aumenta o custo do projeto	10	5	6	8	5	6	6	7
O planeamento é uma barreira para a construção fora do local	11	14	9	8	11	6	9	8
Aumentar a qualidade do produto	12	8	7	5	9	7	5	6
Limita as opções de conceção	13	8	2	7	6	11	10	8
Aumenta a eficiência da conceção do projeto	14	12	3	5	4	5	5	5
Limita as alterações nos trabalhos no local	15	9	6	8	7	2	9	6
Reduz o custo do projeto	16	11	5	5	8	10	7	3

Aumenta o desempenho da segurança	17	10	8	7	7	7	10	5
Software para a conceção de limites utilização	18	10	6	8	6	9	11	6
Aumenta a poupança global de custos	19	9	5	3	10	7	8	2

Quadro 4.5: Classificação da categoria do contratante com base nas respostas

Correlação de Spearman	di	di^2	6 x di^2	n	$n(n^2-1)$	ρ
Restrições de transporte	-27	729	4374	70	342930	0.9872452
Reduz a duração	-5	25	150	70	342930	0.9995626
Reduzir o número de trabalhadores	-39	1521	9126	70	342930	0.9733882
Aumenta a produtividade	-27	729	4374	70	342930	0.9872452
Diminui o congestionamento de mão de obra no local	-20	400	2400	70	342930	0.9930015
Reduz o impacto ambiental das operações de construção	-20	400	2400	70	342930	0.9930015
Aumenta a eficiência da gestão do local de trabalho	-27	729	4374	70	342930	0.9872452
Reduz a perturbação no local de outras operações adjacentes	-12	144	864	70	342930	0.9974805
Aumenta a poupança de mão de obra	-21	441	2646	70	342930	0.9922841
Aumenta o custo do projeto	-33	1089	6534	70	342930	0.9809465
O planeamento é uma barreira para a construção fora do local	-54	2916	17496	70	342930	0.9489808
Aumentar a qualidade do produto	-35	1225	7350	70	342930	0.9785671
Limita as opções de conceção	-39	1521	9126	70	342930	0.9733882
Aumenta a eficiência da conceção do projeto	-25	625	3750	70	342930	0.9890648
Limita as alterações nos trabalhos no local	-32	1024	6144	70	342930	0.9820838
Reduz o custo do projeto	-33	1089	6534	70	342930	0.9809465
Aumenta o desempenho da segurança	-37	1369	8214	70	342930	0.9760476
O software de conceção limita a sua utilização	-38	1444	8664	70	342930	0.9747354
Aumenta a poupança global de custos	-25	625	3750	70	342930	0.9890648

Quadro 4.6: Correlação de Spearman da categoria do contratante

O quadro 4.5 apresenta a classificação das categorias dos contratantes, enquanto o quadro 4.6 mostra a correlação de Spearman da pergunta 5 a 23 de cada categoria de contratante. A correlação de Spearman entre as categorias globais dos contratantes

$\Sigma\ di^2$	18045
6 x Σ	108270
n	70
$n(n^2-1)$	342930
ρ	0.6843

O fator de correlação de Spearman é de 0,6843. Isto revela uma semelhança de 68,43% na classificação entre as categorias de empreiteiros. Uma vez que os diferentes tipos de obras de cada categoria têm diferentes práticas fora do estaleiro no Paquistão.

Sectores de consultoria

Agora, ao fazer comparações entre subgrupos de sectores de consultores, verificamos se têm ou não as mesmas percepções. Os valores médios das respostas são apresentados no Quadro 4.7.

Hj· Pothesis declaração de perguntas	Residencial	Com mereial	Industrial	Infra-estruturas
A técnica de construção fora do local limita a	5	7	4.3	5

capacidade de efetuar alterações no local			
As técnicas de construção no exterior reduzem o calendário global do projeto	5.2	6	5	5.7
As técnicas de construção no exterior reduzem a necessidade de trabalhadores qualificados no local	6	2	3.8	3.7
As técnicas de construção no exterior reduzem o custo de construção do projeto	4	6	5	5.7
As técnicas de controlo externo aumentam a qualidade dos produtos	4.6	3	5.2	4.7
As técnicas de construção fora do local de trabalho aumentam a produtividade global do trabalho	5.3	6	5	5.3
As técnicas de construção no exterior limitam as opções de conceção	4.6	2	5	5.7
As técnicas de construção fora das instalações aumentam o desempenho em matéria de segurança	4.7	2	4.5	4.3
As técnicas de construção fora do local reduzem a perturbação no local de outras operações adjacentes	6.1	7	5	5.3
As técnicas de construção no exterior reduzem o impacto ambiental negativo das operações de construção	5.9	6	4.8	5.7
Os transportes limitam a utilização de técnicas de construção fora do local	6	4	5.3	6
As técnicas de construção fora do local de trabalho são essenciais para a eficácia do projeto do projeto	5.3	7	5	4.5
As técnicas de construção no exterior aumentam o custo do projeto	4.2	3	4.3	4.3
A utilização de software informático complicado para a conceção de técnicas de construção fora do local é limitada	3.3	4	4.5	4.3
As técnicas de construção fora do estaleiro aumentam a eficiência da gestão do estaleiro	5.4	3	4.7	4
As técnicas de construção fora do local diminuem o congestionamento de mão de obra no local	5.3	6	4.5	5
As técnicas de construção fora da empresa aumentam a poupança global de custos	4	7	4.5	5.3
As técnicas de construção fora da empresa aumentam a poupança de mão de obra	5.7	3	4.7	5
A maior complexidade do sistema de planeamento do projeto é um dos obstáculos à construção fora do estaleiro?	4.8	6	4.8	4

Quadro 4.7: Resumo da comparação dos sectores de consultoria

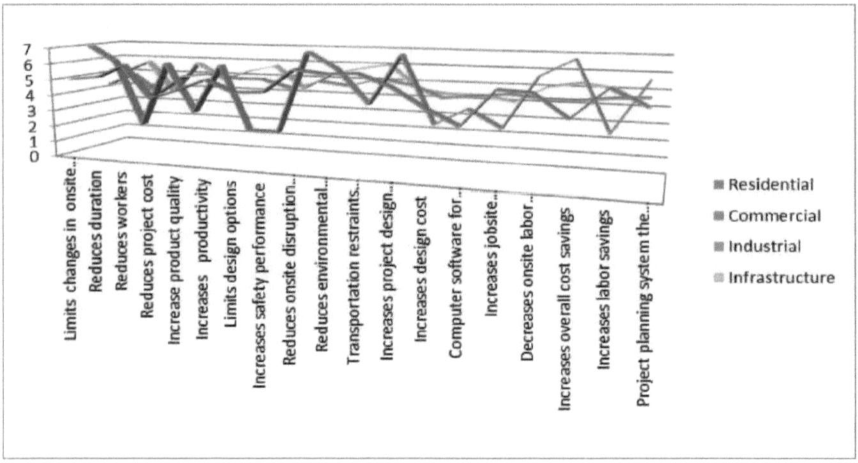

Figura 4.26: Linhas de tendência dos sectores de consultoria

1) Todos os sectores de consultoria concordaram, exceto o sector comercial, que limita a realização de alterações no trabalho no local.

2) Todos os sectores de consultoria concordaram que reduz a duração do projeto.

3) Todos os sectores de consultoria discordaram, exceto o sector residencial, que reduz os trabalhadores qualificados no local.

4) Todos os sectores de consultoria concordaram, exceto o sector residencial, que reduz os custos.

5) Todos os sectores de consultoria concordaram, exceto o sector comercial, que aumenta a qualidade.

6) Todos os sectores consultados concordaram que aumenta a produtividade dos trabalhadores.

7) Todos os sectores de consultoria concordaram, exceto o sector comercial, que limita as opções de conceção.

8) Os sectores residencial e industrial concordaram, o sector comercial discordou, enquanto o sector das infra-estruturas mostrou um comportamento neutro quanto ao aumento da segurança.

9) Todos os sectores de consultoria concordaram que reduz as perturbações no local.

10) Todos os sectores consultados concordaram que reduz o efeito ambiental negativo de outras operações.

11) Todos os sectores consultados concordaram que as restrições de transporte limitam a sua utilização, enquanto o sector comercial apresenta um comportamento neutro.

12) Todos os sectores de consultoria concordaram que aumenta a eficiência da conceção.

13) Os comerciais discordaram, enquanto outros mostraram um comportamento neutro quanto ao facto de aumentar o custo de conceção

14) O sector residencial discordou, enquanto outros sectores mostram um comportamento neutro que o software complicado limita as suas utilizações.

15) Os sectores residencial e industrial concordaram, o sector comercial discordou, enquanto o sector das infra-estruturas apresentou um comportamento neutro, afirmando que aumenta a eficiência da gestão.

16) Todos os sectores consultados concordaram que diminui o congestionamento de trabalho no local.

17) Todos os sectores concordaram, enquanto o sector residencial apresenta um comportamento neutro, que aumenta a poupança global de custos.

18) Todos os sectores concordaram, mas o sector comercial discordou de que aumenta a poupança de mão de obra.

19) Todos os sectores concordaram, mas o sector das infra-estruturas mostrou um comportamento neutro quanto ao facto de o sistema de planeamento ser um obstáculo à construção fora do local.

Classificação dos consultores	Residencial	Comercial	Industrial	Infra-estruturas
Reduz a perturbação no local de outras operações adjacentes	1	1	3	3
Reduz a duração	1	1	1	1
Reduzir o número de trabalhadores	2	5	8	9
Restrições de transporte	2	3	1	1
Reduz o impacto ambiental das operações de construção	3	2	4	2
Aumenta a poupança de mão de obra	4	4	5	4
Aumenta a eficiência da gestão do local de trabalho	5	4	5	8
Aumenta a produtividade	6	2	3	3
Aumenta a eficiência da conceção do projeto	6	1	3	6
Diminui o congestionamento de mão de obra no local	6	2	6	4
Limita as alterações nos trabalhos no local	7	1	7	4
O planeamento é uma barreira para a construção fora do local	8	2	4	8
Aumenta o desempenho da segurança	9	5	6	7
Aumentar a qualidade do produto	10	4	2	5
Limita as opções de conceção	10	5	3	2
Aumenta o custo do projeto	11	4	7	7
Reduz o custo do projeto	12	2	3	2
Aumenta a poupança global de custos	12	1	6	3
Os programas informáticos de conceção limitam as suas utilizações	13	3	6	7

Quadro 4.8: Classificação dos sectores de consultoria

Correlação de Spearman	Di	di^2	$6 \times di^2$	n	$n(n^2-1)$	ρ
Reduz a perturbação no local de outras operações adjacentes	-6	36	216	70	342930	0.99937
Reduz a duração	-2	4	24	70	342930	0.99993
Reduz os trabalhadores	-20	400	2400	70	342930	0.993001
Restrições de transporte	-3	9	54	70	342930	0.999843
Reduz o impacto ambiental das operações de construção	-5	25	150	70	342930	0.999563
Aumenta a poupança de mão de obra	-9	81	486	70	342930	0.998583
Aumenta a eficiência da gestão do local de trabalho	-12	144	864	70	342930	0.997481
Aumenta a produtividade	-2	4	24	70	342930	0.99993
Aumenta a eficiência da conceção do projeto	-4	16	96	70	342930	0.99972
Diminui o congestionamento de mão de obra no local	-6	36	216	70	342930	0.99937
Limita as alterações nos trabalhos no local	-5	25	150	70	342930	0.999563
O planeamento é uma barreira para a construção fora do local	-6	36	216	70	342930	0.99937
Aumenta o desempenho da segurança	-9	81	486	70	342930	0.998583
Aumentar a qualidade do produto	-1	1	6	70	342930	0.999983
Limita as opções de conceção	0	0	0	70	342930	1
Aumenta o custo do projeto	-7	49	294	70	342930	0.999143
Reduz o custo do projeto	5	25	150	70	342930	0.999563

Aumenta a poupança global de custos	2	4	24	70	342930	0.99993
Os programas informáticos de conceção limitam as suas utilizações	-3	9	54	70	342930	0.999843

Quadro 4.9: Correlação de Spearman dos sectores dos consultores

O quadro 4.8 mostra os rankings dos sectores para os consultores e o quadro 4.9 mostra a correlação de Spearman para cada sector de consultor das perguntas 5 a 23

$\Sigma\ di^2$	985
$6 \times \Sigma$	108270
N	70
$n(n^2-1)$	342930
P	0.982766

O fator de correlação de Spearman é de 0,982766. Isto mostra uma semelhança de 98,27% na classificação entre os sectores de consultoria. As principais diferenças de classificação são encontradas na redução de trabalhadores e na eficiência da gestão do estaleiro.

Sectores contratantes

Agora, ao fazer uma comparação entre subgrupos de sectores contratados, verifica-se se têm ou não as mesmas percepções. Os valores médios das respostas são apresentados no Quadro 4.10

Declaração da hipótese	Resid enfiai	Comercial	Industrial	In frastru ctı
Técnicas de construção no local Jimits a capacidade de efetuar alterações no local de trabalho	4.4	4.4	5	4.3
A técnica de construção fora do local reduz o calendário global do projeto	4.8	5.7	6.3	5.5
As técnicas de construção fora do local reduzem a necessidade de trabalhadores qualificados no local	4.2	5	5.7	5.0
A técnica de construção fora do local reduz o custo de construção do projeto	3.6	4.6	2.7	4.5
Técnicas de construção fora do estaleiro podem aumentar a qualidade do projeto	3.6	4.3	5.3	4.8
A técnica de construção fora do estaleiro aumenta a produtividade global do trabalho	4.6	5.8	5	5
A técnica de construção fora do local limita as opções de conceção	3.2	4.5	5.3	4.3
As técnicas de construção fora do estaleiro aumentam o desempenho em termos de segurança	3.6	4.3	5	4.5
As técnicas de construção fora do local reduzem a perturbação no local de outras operações adjacentes	4.2	5.8	6	5.8
As técnicas de construção fora do local reduzem o impacto ambiental negativo das operações de construção	4.2	5.8	5.7	5.8
As restrições de transporte limitam a utilização de técnicas de construção fora do local	4.2	5.8	6	6
As técnicas de construção fora do local podem aumentar a eficiência da conceção do projeto	3.6	5.1	5	5
A técnica de construção fora do local aumenta o custo do projeto	3.2	4.6	6.7	5

Software complicado para a conceção de técnicas de construção fora do local de construção limita as suas utilizações	3.8	4.5	4.7	3.5
As técnicas de construção fora do estaleiro aumentam a eficiência da gestão da obra	4.4	5.5	2.7	5.3
As técnicas de construção fora do estaleiro diminuem o congestionamento de mão de obra no estaleiro	4.6	5.5	6	5.5
A técnica de construção fora do local aumenta a poupança global de custos	4.4	4.9	5.3	4.2
A técnica de construção fora do local aumenta a poupança de mão de obra	4.2	5.8	6.3	5
A complexidade acrescida do sistema de planeamento do projeto é um dos obstáculos à construção fora do estaleiro?	4.2	3.6	1.3	3.8

Table 4.10 **Resumo da comparação dos sectores contratantes**

1) O sector comercial concordou que limita as mudanças no trabalho no local, enquanto outros sectores mostram um comportamento neutro.

2) Todos os sectores concordaram que diminui a duração dos projectos.

3) Todos os sectores concordaram, enquanto o sector residencial apresenta um comportamento neutro, pois diminui a necessidade de trabalhadores qualificados no local.

4) O sector comercial e o sector das infra-estruturas concordaram, enquanto o sector residencial apresentou um comportamento neutro e o sector industrial discordou da redução dos custos de construção.

5) A indústria e as infra-estruturas concordaram, ao passo que o sector residencial e comercial apresenta um comportamento neutro, ou seja, aumenta a qualidade do produto.

6) Todos os sectores contratantes concordaram que aumenta a produtividade dos trabalhadores.

7) O sector residencial discordou, o sector comercial e o sector das infra-estruturas revelaram um comportamento neutro, enquanto o sector industrial discordou que este limita as opções de conceção.

8) O sector industrial concordou que aumenta o desempenho em matéria de segurança, enquanto outros sectores apresentam um comportamento neutro.

9) Todos os sectores de empreiteiros concordaram, exceto o sector residencial, que diminui a perturbação no local.

10) Todos os sectores contratantes concordaram, exceto o sector residencial, que diminui o impacto ambiental negativo das operações de construção.

11) Todos os sectores de empreiteiros concordaram, exceto o sector residencial, que a restrição do transporte diminui as utilizações fora do local de construção.

12) Todos os sectores de empreiteiros acordados, exceto o sector residencial, apresentam um comportamento neutro que aumenta a eficiência da conceção.

13) Todos os sectores de empreiteiros acordados, exceto o sector residencial, apresentam um comportamento neutro que aumenta o custo de conceção do projeto.

14) O sector industrial concordou que os programas informáticos complexos limitam a sua utilização, enquanto os outros sectores têm um comportamento neutro.

15) O sector comercial e de infra-estruturas concordou, o sector industrial discordou, enquanto o sector residencial apresentou um comportamento neutro, afirmando que aumenta a eficiência da gestão.

16) Todos os sectores contratantes concordaram que diminui o congestionamento do trabalho.

17) O sector industrial discordou, enquanto os outros sectores mostraram um comportamento neutro quanto ao facto de o sistema de planeamento do projeto ser um dos obstáculos à construção fora do estaleiro.

Empreiteiros Raukius	Residencial	Comercial	Ensaio ludus	Infra-estruturas
A técnica de construção fora do local reduz o calendário global do projeto	1	1	1	1
As técnicas de construção fora do estaleiro aumentam a produtividade global do trabalho	2	1	6	5
As técnicas de construção fora do estaleiro diminuem o congestionamento de mão de obra no estaleiro	2	2	3	3
Fora do local[1] As técnicas de construção limitam a capacidade de efetuar mudanças no trabalho	3	S	6	S
As técnicas de construção fora do estaleiro aumentam as deficiências de gestão do estaleiro	3	2	S	4
A técnica de construção fora do local aumenta a poupança global de custos	3	5	5	9
A técnica de construção fora do local reduz a necessidade de trabalhadores qualificados no local	4	4	4	5
As técnicas de construção fora do local reduzem a destruição no local de outras ópticas adjacentes	4	1	3	2
As técnicas de construção fora do local reduzem o impacto ambiental negativo das operações de construção	4	1	4	2
As restrições de transporte limitam a utilização de técnicas de construção fora do local	4	1	3	1
As técnicas de construção fora do estaleiro aumentam a poupança de mão de obra	4	1	2	5
A maior complexidade do sistema de planeamento do projeto é um dos obstáculos à construção fora do estaleiro?	4	10	9	10
O software informático complicado para a conceção de técnicas de construção fora do local limita a sua utilização	5	7	7	11
A técnica de construção fora do local reduz o custo de construção do projeto	6	6	S	7
As técnicas de construção fora do estaleiro aumentam a qualidade do produto	6	9	5	7
Técnicas de construção fora do estaleiro aumentam o desempenho em termos de segurança	6	9	6	7
As técnicas de construção fora do local aumentam a eficiência da conceção do projeto	6	3	6	5
A técnica de construção fora do local limita a opção de conceção S	7	7	5	S
As técnicas de construção fora do local aumentam o custo do projeto	7	6	1	5

Quadro 4.11: Resumo da comparação dos sectores contratantes

Spearmau' s Correlatiou	di	di²	6 X dr'	11	n⅛¹ -I)	P
A técnica de construção no local reduz o calendário global do projeto	-2	4	24	70	342930	0.99 993
QAs técnicas de construção no local aumentam a produtividade global da mão de obra	-10	100	600	70	342930	0.9 9 825
QAs técnicas de construção no local diminuem o congestionamento de mão de obra no local	-6	36	216	70	342930	0.99937
OEfsite[1] As técnicas de construção limitam a capacidade	-19	361	2166	70	342930	0.993684

de efetuar alterações no local wα^k					
OTécnicas de construção em estaleiro aumentam a eficiência da gestão do estaleiro	-11	121	726	70	342930	0.997883
OTécnicas de construção no local aumentam a poupança global de custos	-16	256	1536	70	342930	0.995521
As técnicas de construção no local reduzem a necessidade de trabalhadores de construção civil no local	-9	Sl	4S6	70	342930	0.998583
As técnicas de construção fora do local reduzem a perturbação no local de outras operações adjacentes	-2	4	24	70	342930	0.9 9 993
As técnicas de construção no local reduzem o impacto ambiental negativo das operações de construção	-3	9	54	70	342930	0.999843
As restrições de transporte limitam a utilização de técnicas de construção fora do local	-1	1	6	70	342930	0.9 9 99 8 3
OTécnicas de construção no local aumentam a poupança de mão de obra	4	16	96	70	342930	0.99972
A complexidade acrescida do sistema de planeamento do projeto é um dos obstáculos à construção fora do estaleiro?	-25	625	3750	70	342930	0.9 8 90 6 5
O software informático complicado para a conceção de técnicas de construção fora do local limita a sua utilização	-20	400	2400	70	342930	0.993001
A técnica de construção fora do local reduz o custo de construção do projeto	-15	225	1350	70	342930	0.9 9 60 6 3
As técnicas de construção fora do estaleiro aumentam a qualidade dos produtos".	-15	225	1350	70	342930	0.9 9 60 6 3
Técnicas de construção fora do estaleiro aumentam o desempenho em termos de segurança	-16	256	1536	70	342930	0.995521
As técnicas de construção fora do local aumentam a eficiência da conceção do projeto	-8	64	3S4	70	342930	0.99888
Técnicas de construção fora do local Opções de conceção limitadas	-13	169	**1014**	70	342930	0.997043
As técnicas de construção fora do local aumentam o custo do projeto	-5	25	150	70	342930	0.999563

Quadro 4.12: Correlação de Spearman dos sectores contratantes

Table 4.11 O quadro 4.12 mostra a correlação de Spearman para cada sector de consultores das perguntas 5 a 23

Σ di^2	985
6 x Σ	17868
N	70
n(n^2-1)	342930
P	0.947896

O fator de correlação de Spearman é de 0,947896. Isto revela uma semelhança de 94,78% na classificação entre os sectores dos empreiteiros. As principais diferenças de classificação no sistema de planeamento de projectos, que se altera nos trabalhos no local, e nos programas de software para conceção são barreiras na construção fora do local.

4.4.3 Relação setorial entre consultores e contratantes

1. Setor residencial

Para verificar a relação linear entre consultores e empreiteiros no sector residencial, foi realizada uma análise de regressão linear. O ANEXO D-1 apresenta os resultados da análise de regressão linear Minitab no sector da habitação.

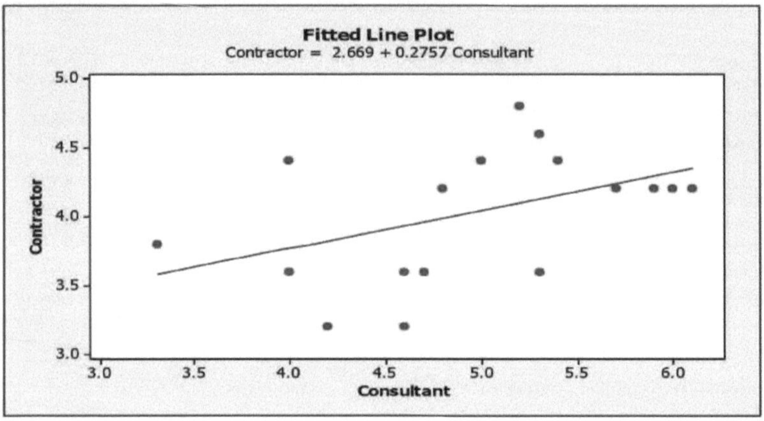

Figura 4.27: Linha ajustada: percepções do empreiteiro versus consultor no sector residencial

A Figura 4.27 apresenta a linha ajustada para empreiteiro versus consultor no sector residencial. Esta relação mostra apenas 20,9% (valor R^2) de relação linear entre consultores e empreiteiros no sector residencial. Então, qual será a relação real entre consultores e empreiteiros no sector residencial? Ao fazer um gráfico de dispersão de duas variáveis, podemos obter a relação efectiva. A Figura 4.28 mostra o gráfico de dispersão das percepções do empreiteiro em relação ao consultor no sector residencial.

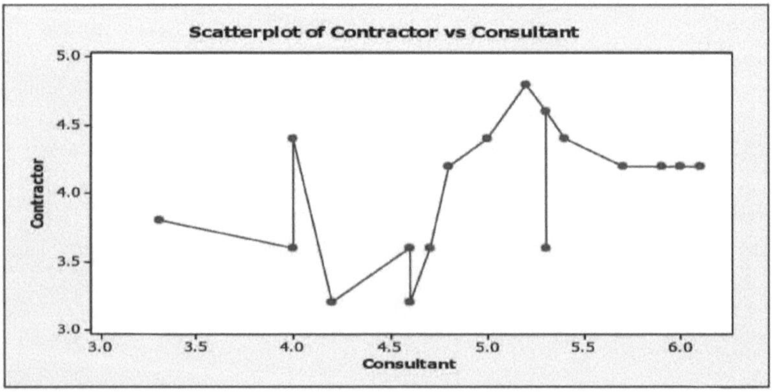

Figura 4.28: Gráfico de dispersão das percepções dos empreiteiros em relação aos consultores no sector residencial

O gráfico de dispersão com uma linha ligada indica claramente que existe um comportamento diferente dos consultores e dos empreiteiros no sector residencial relativamente às técnicas de construção fora do local.

Correlação de Spearman

O quadro 4.13 mostra a correlação de Spearman entre a classificação dos consultores e dos empreiteiros no sector residencial, nas perguntas n.ºs 5 a 23.

Residencial	consultores	contratantes	di	di^2	6 X di^2	II	$n(n^2-l)$	P
Reduz a perturbação do nosso⅛ite de outras operações adjacentes	I	4	-3	9	54	70	342930	0.9998
Reduz a duração	I	I	O	O	O	70	342930	I
Reduzir o número de trabalhadores	2	4	-2	4	24	70	342930	0.99993
Restrições de transporte	2	4	-2	4	24	70	342930	0.99993
Reduz o impacto ciiviiOiuiieiital das operações de constπiction	3	4	-1	1	6	70	342930	0.999983
Aumenta a poupança de mão de obra	4	4	O	O	O	70	342930	I
Aumenta a eficiência da gestão do emprego	S	3	2	4	24	70	342930	0.99993
Aumenta a produtividade	fi	2	4	16	96	70	342930	0.99972
Aumenta a eficiência da conceção do projeto	6	6	O	O	O	70	342930	1
Diminui o congestionamento de mão de obra no local	6	2	4	16	96	70	342930	0.99972
Limita as alterações nos trabalhos no local	7	3	4	16	96	70	342930	0.99972
O planeamento é uma barreira para a construção fora do local	8	4	4	16	96	70	342930	0.99972
Aumenta o desempenho da segurança	9	6	3	9	54	7n	342930	0.99984
Aumentar a qualidade do produto	10	6	4	16	96	70	342930	0.99972
Limita as opções de conceção	10	7	3	9	54	70	342930	0.99984
Aumenta o custo do projeto	11	7	4	16	96	70	342930	0.99972
Reduz o custo do projeto	12	6	6	36	216	70	342930	0.99937
Aumenta a poupança global de custos	12	3	9	81	486	70	342930	0.9985
O software de conceção fora do local limita as suas utilizações	13	5	8	64	384	70	342930	0.99888

Quadro 4.13: Correlação de Spearman entre consultores e empreiteiros no sector residencial

É calculada a correlação da classificação de Spearman entre consultores e empreiteiros no sector residencial.

$\Sigma\, di^2$	317
$6 \times \Sigma$	1902
N	70
$n(n^2-1)$	342930
P	0.994454

O valor do fator de correlação de Spearman é de 0,994454. Isto deve-se à semelhança de 99,45% da classificação entre consultores e empreiteiros no sector residencial. Devido à diferença de classificação, o aumento da poupança global de custos e os programas de software para o projeto são uma barreira para a construção fora do local.

2. Setor comercial

Para verificar a relação linear entre as percepções dos consultores e dos contratantes no sector comercial, foi realizada uma análise de regressão linear. O ANEXO D-2 mostra o resultado da análise de regressão linear no sector comercial com o software Minitab.

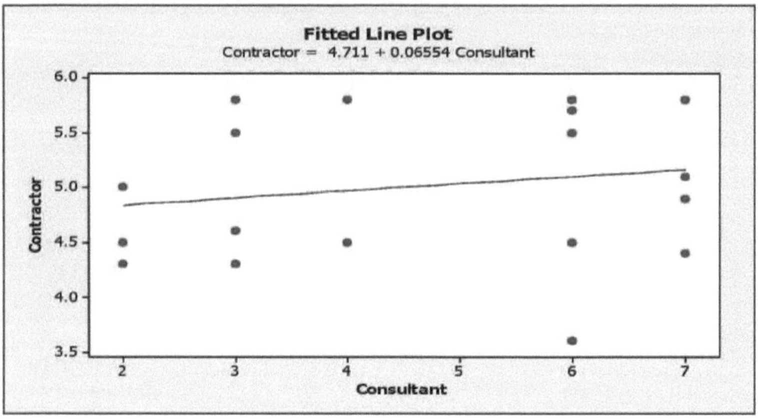

Figura 4.29: Linha equipada: percepções dos contratantes e dos consultores no sector comercial

A Figura 4.29 mostra a linha ajustada para as percepções do empreiteiro vs. consultor no sector comercial. Isto mostra uma relação linear de 0% (valor R^2) entre consultores e empreiteiros no sector comercial. Qual será então a relação efectiva entre estas duas variáveis? Ao fazer um gráfico de dispersão destas duas variáveis, podemos obter a relação efectiva. A Figura 4.30 mostra o gráfico de dispersão de contratante vs. consultor no sector comercial.

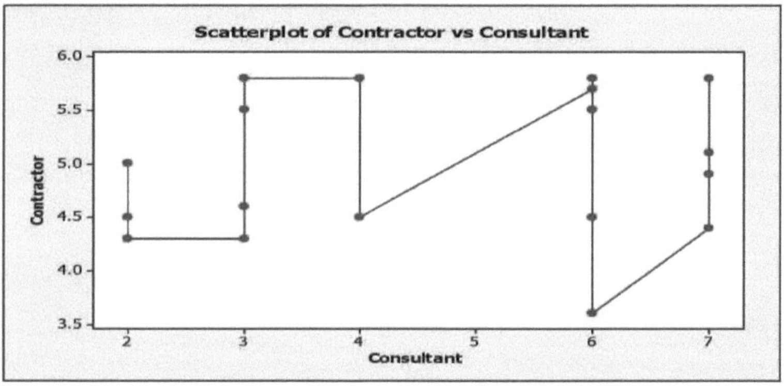

Figura 4.30: Gráfico de dispersão das percepções dos contratantes e dos consultores no sector comercial

O gráfico de dispersão com uma linha ligada indica claramente que existe um comportamento diferente dos consultores e dos empreiteiros no sector comercial relativamente às técnicas de construção fora do local.

Correlação de Spearman

O quadro 4.14 mostra a correlação de Spearman entre consultores e empreiteiros no sector comercial.

Comercial	consultar as formigas	contr actores	di	di^2	6 x di^2	n	$n(n^2$ -l)	P
Reduz a perturbação no local de outras operações adjacentes	1	I	0	0	0	70	342930	1
Reduz a duração	1	1	0	0	0	70	342930	1
Reduzir o número de trabalhadores	5	4	1	1	6	70	342930	0.999982504
Restrição de transporte	3	1	2	4	24	70	342930	0.999930015

Reduz o impacto ambiental das operações de construção	2	2	0	0	0	70	342930	1
Aumenta a poupança de mão de obra	4	1	3	9	54	70	342930	0.999842533
Aumenta a eficiência da gestão do local de trabalho	4	2	2	4	24	70	342930	0.999930015
Aumenta a produtividade	2	1	1	1	6	70	342930	0.999982504
Aumenta a eficiência da conceção do projeto	1	3	-2	4	24	70	342930	0.999930015
Diminui o congestionamento de mão de obra no local	2	2	0	0	0	70	342930	1
Limita as alterações nos trabalhos no local	1	8	-7	49	294	70	342930	0.999142682
O planeamento é uma barreira para a construção fora do local	2	10	-8	64	384	70	342930	0.998880238
Aumenta o desempenho da segurança	5	9	-4	16	96	70	342930	0.999720059
Aumentar a qualidade do produto	4	9	-5	25	150	70	342930	0.999562593
Limita as opções de conceção	5	7	-2	4	24	70	342930	0.999930015
Aumenta o custo do projeto	4	6	-2	4	24	70	342930	0.999930015
Reduz o custo do projeto	2	6	-4	16	96	70	342930	0.999720059
Aumenta a poupança global de custos	1	5	-4	16	96	70	342930	0.999720059
Software para a conceção de técnicas fora do local e suas utilizações	3	7	-4	16	96	70	342930	0.999720059

Quadro 4.14: Correlação de Spearman entre consultores e empreiteiros no sector comercial

É calculada a correlação da classificação de Spearman entre consultores e empreiteiros no sector comercial.

$\Sigma\ di^2$	233
$6 \times \Sigma$	1398
n	70
$n(n^2-1)$	342930
ρ	0.995923

O valor do fator de correlação de Spearman é de 0,995923. Isto deve-se à semelhança de 99,59% da classificação entre consultores e empreiteiros no sector comercial. A principal diferença na classificação é que o sistema de planeamento do projeto é uma barreira para a construção fora do local

3. Setor industrial

Para verificar a relação linear entre as percepções dos consultores e dos contratantes no sector industrial, foi realizada uma análise de regressão linear. O ANEXO D-3 apresenta os resultados da análise de regressão linear efectuada com o software Minitab.

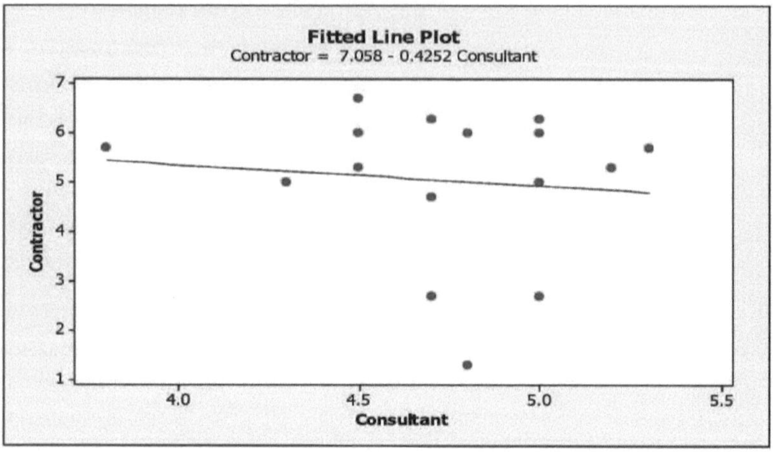

Figura 4.31: Linha ajustada: percepções do contratante versus consultor no sector industrial

A Figura 4.31 mostra a linha ajustada para as percepções do contratante versus consultor no sector industrial. Esta relação dá 1,2% (valor R^2) de relação linear entre consultores e empreiteiros no sector industrial. Qual será então a relação efectiva? Ao fazer um gráfico de dispersão de duas variáveis, podemos obter a relação efectiva. A Figura 4.32 mostra o gráfico de dispersão das duas variáveis.

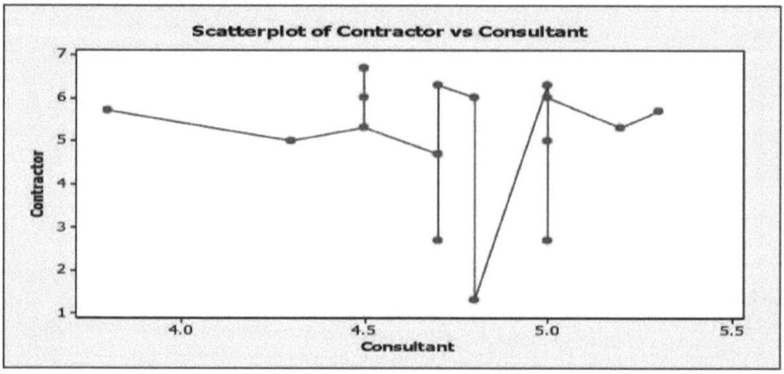

Figura 4.32: Gráfico de dispersão das percepções dos empreiteiros em relação aos consultores no sector industrial

O gráfico de dispersão com uma linha ligada indica claramente que existe um comportamento diferente dos consultores e dos empreiteiros do sector industrial em relação às técnicas de construção fora do estaleiro.

Correlação de Spearman

O quadro 4.15 mostra a correlação de Spearman entre consultores e contratantes no sector industrial.

Industrial	consultores	contractores	di	di^2	$6 \times di^2$	n	$n(n^2-1)$	P
Reduz a perturbação no local de outras operações adjacentes	3	3	0	0	0	70	342930	1
Reduz a duração	1	1	0	0	0	70	342930	1
Reduz os trabalhadores	8	4	4	16	96	70	342930	0.99972
Restrições de transporte	1	3	-2	4	24	70	342930	0.99993

Reduz o impacto ambiental das operações de construção	4	4	0	0	0	70	342930	1
Aumenta a poupança de mão de obra	5	2	3	9	54	70	342930	0.999843
Aumenta a eficiência da gestão do local de trabalho	5	8	-3	9	54	70	342930	0.999843
Aumenta a produtividade	3	6	-3	9	54	70	342930	0.999843
Aumenta a eficiência da conceção do projeto	3	6	-3	9	54	70	342930	0.999843
Diminui o congestionamento de mão de obra no local	6	3	3	9	54	70	342930	0.999843
Limita as alterações nos trabalhos no local	7	6	1	1	6	70	342930	0.999983
O planeamento é uma barreira para a construção fora do local	4	9	-5	25	150	70	342930	0.999563
Aumenta o desempenho da segurança	6	6	0	0	0	70	342930	1
Aumentar a qualidade do produto	2	5	-3	9	54	70	342930	0.999843
Limita as opções de conceção	3	5	-2	4	24	70	342930	0.99993
Aumenta o custo do projeto	7	1	6	36	216	70	342930	0.99937
Reduz o custo do projeto	3	8	-5	25	150	70	342930	0.999563
Aumenta a poupança global de custos	6	5	1	1	6	70	342930	0.999983
O software para a conceção de técnicas fora do local limita a sua utilização	6	7	-1	1	6	70	342930	0.999983

Quadro 4.15: Correlação de Spearman entre consultores e contratantes em

Setor industrial

É calculada a correlação da classificação de Spearman entre consultores e contratantes no sector industrial.

$\Sigma\ di^2$	167
$6 \times \Sigma$	1002
n	70
$n(n^2-1)$	342930
ρ	0.997078

O valor do fator de correlação de Spearman é de 0,997078. Isto deve-se à semelhança de 99,70% da classificação entre consultores e empreiteiros no sector industrial.

4. Setor das infra-estruturas

Para verificar a relação linear entre os consultores e os contratantes no sector das infra-estruturas, é realizada uma análise de regressão linear. O ANEXO D-4 apresenta os resultados da análise de regressão linear efectuada com o software Minitab.

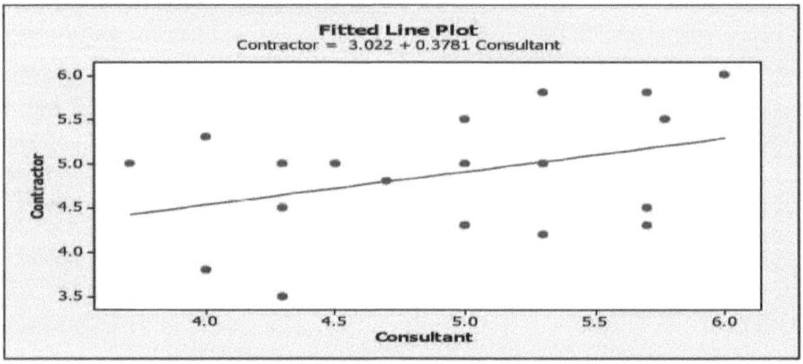

Figura 4.33: Linha ajustada: percepções do contratante versus consultor no sector das infra-estruturas

A Figura 4.33 mostra a linha ajustada para as percepções do contratante em relação ao consultor no sector das infra-estruturas. Esta relação dá 14,7% (valor R^2) de relação linear entre consultores e empreiteiros no sector das infra-estruturas. Qual será então a relação efectiva entre estas duas variáveis? Ao fazer um gráfico de dispersão destas duas variáveis, podemos identificar a relação efectiva entre consultores e contratantes. A Figura 4.34 mostra o gráfico de dispersão das percepções dos contratantes em relação aos consultores no sector das infra-estruturas.

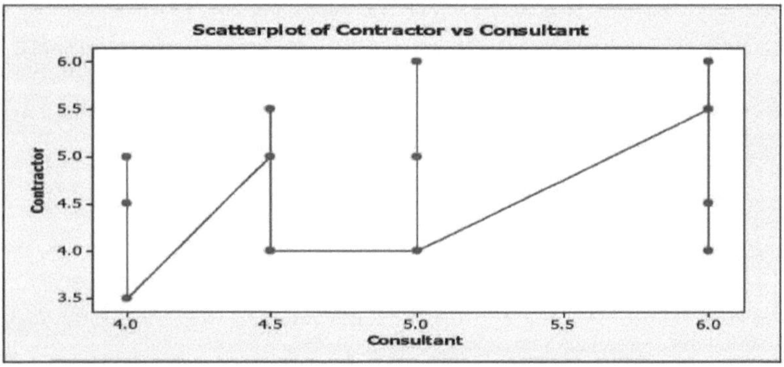

Figura 4.34: Gráfico de dispersão das percepções dos contratantes e dos consultores em matéria de infra-estruturas

O gráfico de dispersão com uma linha ligada indica claramente que existe um comportamento diferente dos consultores e dos empreiteiros no sector das infra-estruturas em relação às técnicas de construção fora do estaleiro.

Correlação de Spearman

O quadro 4.16 mostra a correlação de Spearman entre consultores e empreiteiros no sector das infra-estruturas.

Infra-estruturas	consultores	contractores	di	di^2	6 x di^2	n	$n(n^2-1)$	ρ
Reduz a perturbação no local de outras operações adjacentes	3	2	1	1	6	70	342930	0.999983
Reduz a duração	1	1	0	0	0	70	342930	1
Reduzir o número de trabalhadores	9	5	4	16	96	70	342930	0.99972
Restrições de transporte	1	1	0	0	0	70	342930	1
Reduz o impacto ambiental das operações de construção	2	2	0	0	0	70	342930	1

Aumenta a poupança de mão de obra	4	5	-1	1	6	70	342930	0.999983
Aumenta a eficiência da gestão do local de trabalho	8	4	4	16	96	70	342930	0.99972
Aumenta a produtividade	3	7	-4	16	96	70	342930	0.99972
Aumenta a eficiência da conceção do projeto	6	5	1	1	6	70	342930	0.999983
Diminui o congestionamento de mão de obra no local	4	3	1	1	6	70	342930	0.999983
Limita as alterações nos trabalhos no local	4	8	-4	16	96	70	342930	0.99972
O planeamento é uma barreira para a construção fora do local	8	10	-2	4	24	70	342930	0.99993
Aumenta o desempenho da segurança	7	7	0	0	0	70	342930	1
Aumentar a qualidade do produto	5	6	-1	1	6	70	342930	0.999983
Limita as opções de conceção	2	8	-6	36	216	70	342930	0.99937
Aumenta o custo do projeto	7	5	2	4	24	70	342930	0.99993
Reduz o custo do projeto	2	7	-5	25	150	70	342930	0.999563
Aumenta a poupança global de custos	3	9	-6	36	216	70	342930	0.99937
O software para a conceção de técnicas fora do local limita a sua utilização	7	11	-4	16	96	70	342930	0.99972

Quadro 4.16: Correlação de Spearman entre consultores e empreiteiros no sector das infra-estruturas

É calculada a correlação da classificação de Spearman entre consultores e empreiteiros no sector das infra-estruturas.

Σ di^2	190
6 x Σ	1140
N	70
n(n^2-1)	342930
P	0.996676

99,66% de semelhança de classificação entre consultores e empreiteiros no sector das infra-estruturas.

Capítulo 5

ESTUDO DE CASO DE UM PROJECTO

5.1 INTRODUÇÃO

Neste capítulo, são apresentados os pormenores do projeto de estudo de caso e, em seguida, é feita a comparação dos custos e do calendário da construção fora do local em relação à construção tradicional no local.

5.2 DETALHES DO PROJECTO

Um projeto de uma casa de mobiliário é realizado como estudo de caso para comparar o custo e a duração do projeto através de uma abordagem de construção tradicional no local e fora do local. Os pormenores do projeto são os seguintes.

Nome do projeto = Casa dos móveis

Nº de pisos = 4 pisos (Inferior + térreo + 1º + 2º)

País = Paquistão

Cidade = Multan

Resistência mínima à compressão do betão armado = 3000 psi

Resistência mínima à compressão de lajes/vigas e pilares/pés = 3750 psi

Força de rendimento do aço = 60000 psi

Cobertura transparente para lajes = 3/4"

Tampa transparente até às colunas = 1,5"

Tampa transparente até às vigas = 1,5"

Cobertura transparente para lintéis = 1"

Rácio água-cimento = 0,4

Cimento = Cimento Portland

Tempo de presa inicial do cimento = 45 minutos

Barras de suspensão = #4 @ 12" C/C

Espessura da laje = 5"

Tamanho do agregado para betão = 1,5"

Período de cura =12-15 dias

Reforço da laje = barra #4 @ 6" c/c em ambas as direcções

Reforço do pé = barra #6 @ 6" c/c em ambas as direcções

5.3 DESENHOS DE CASAS DE MÓVEIS

Os desenhos de pormenor do projeto são apresentados a seguir:-

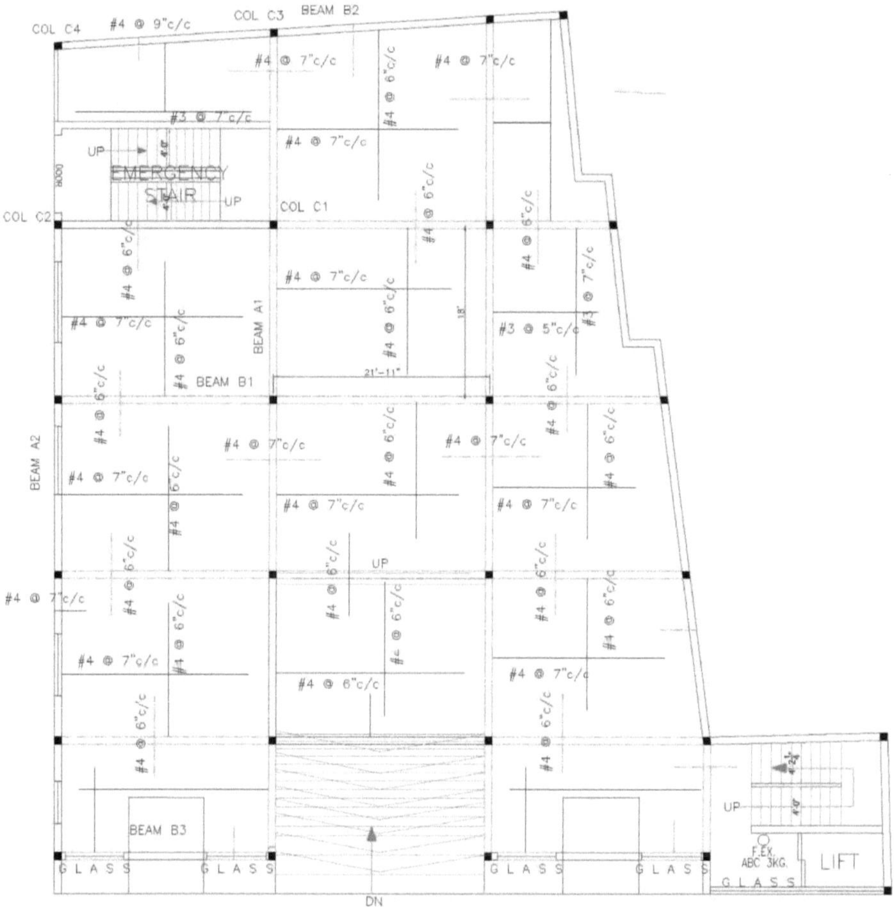

LOWER FLOOR PLAN

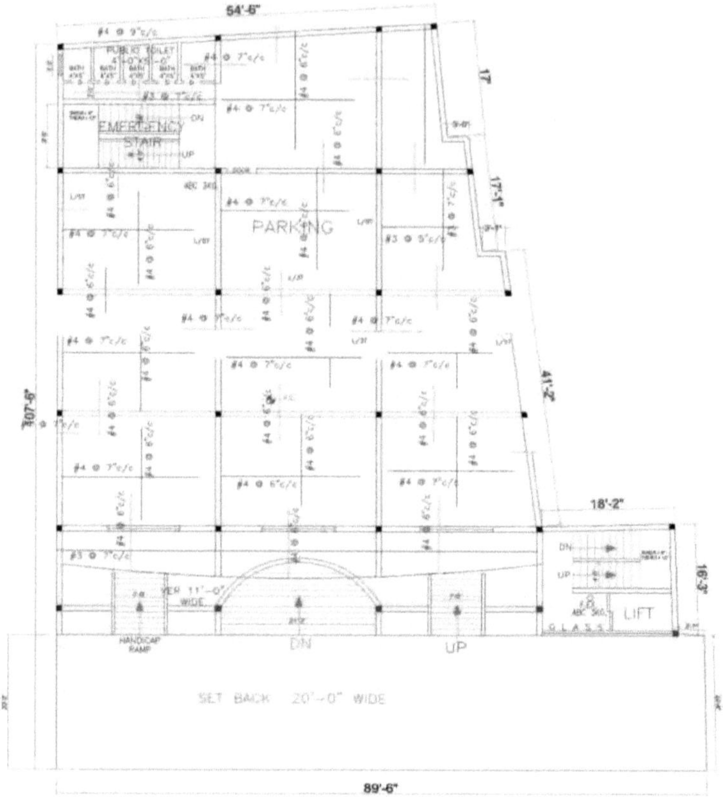

GROUND FLOOR PLAN

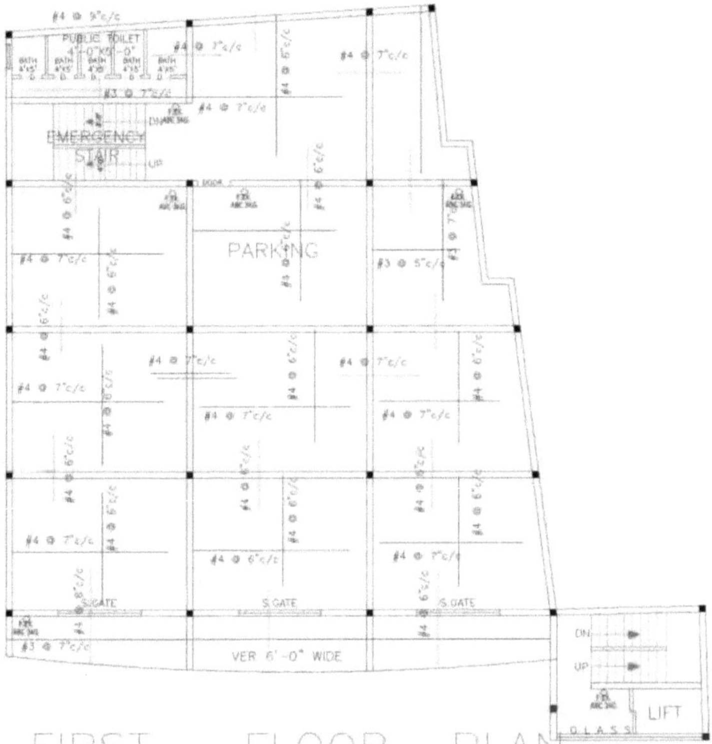

FIRST FLOOR PLAN

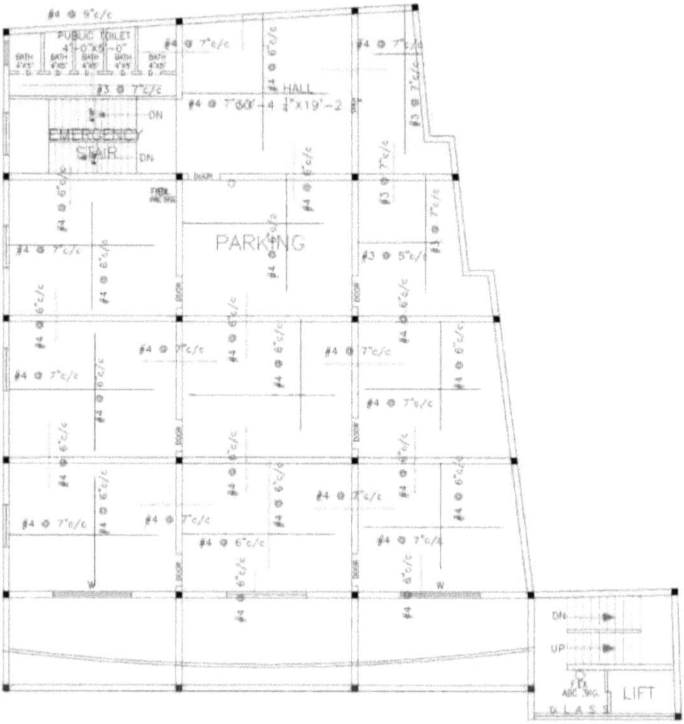

SECOND FLOOR PLAN

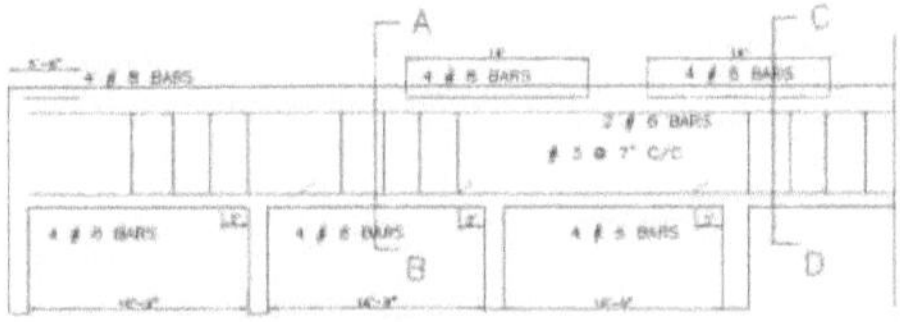

BEAM A1

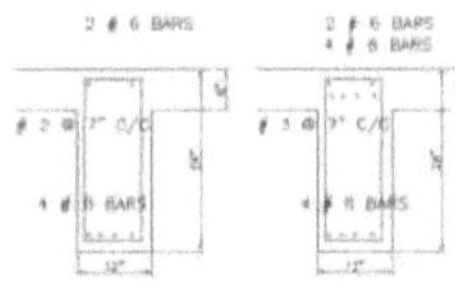

SEC AB SEC CD

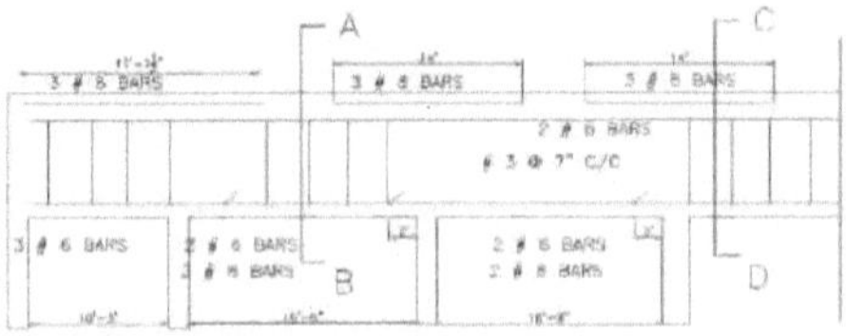

BEAM A2

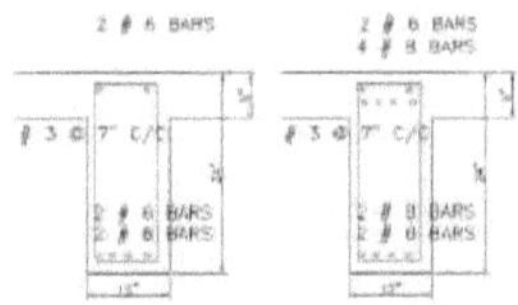

SEC AB SEC CD

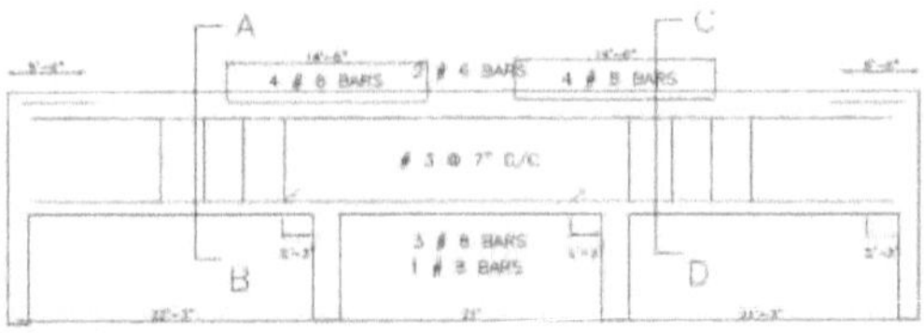

BEAM B1

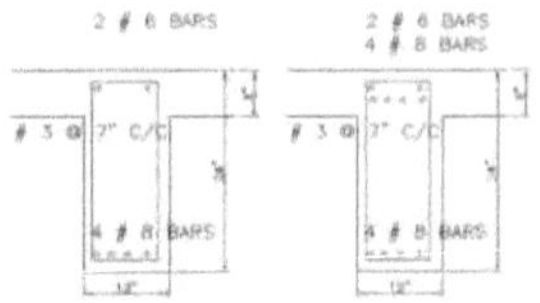

SEC AB SEC CD

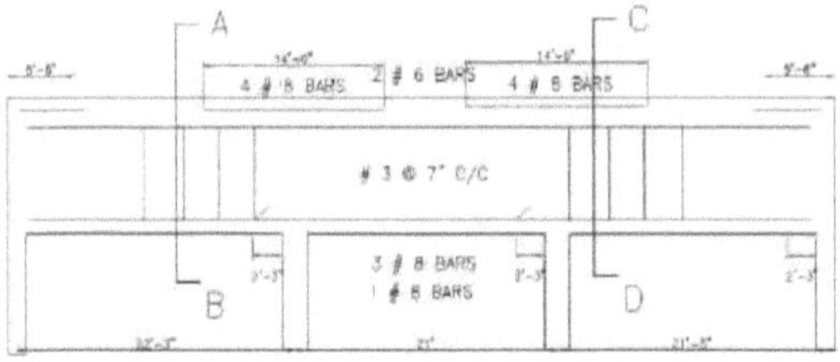

BEAM B2

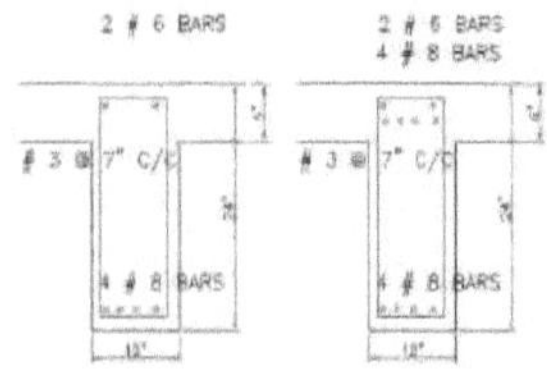

SEC AB SEC CD

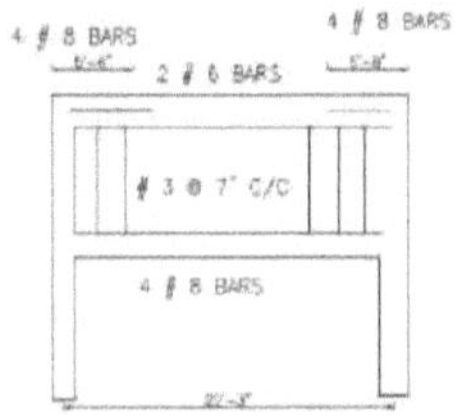

BEAM B3

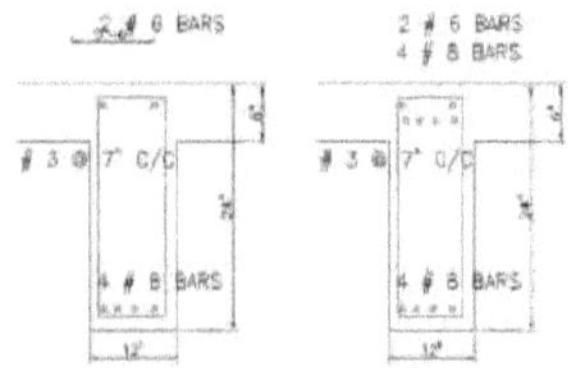

SEC AB SEC CD

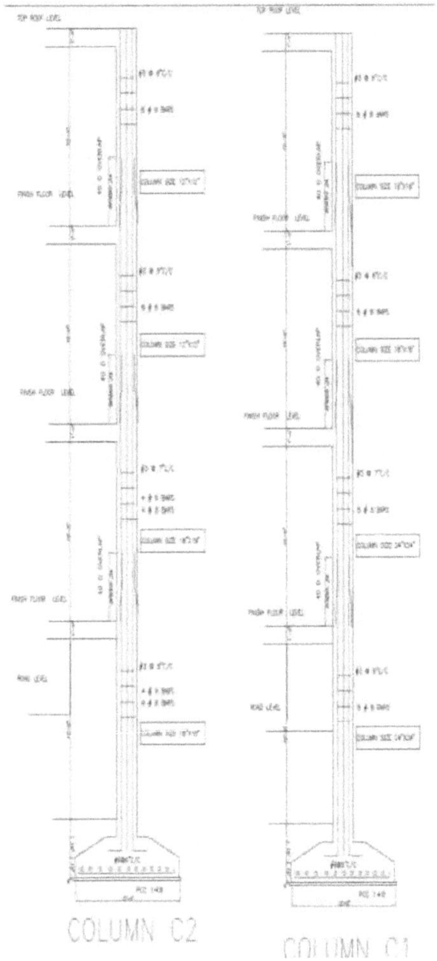
COLUMN C2
COLUMN C1

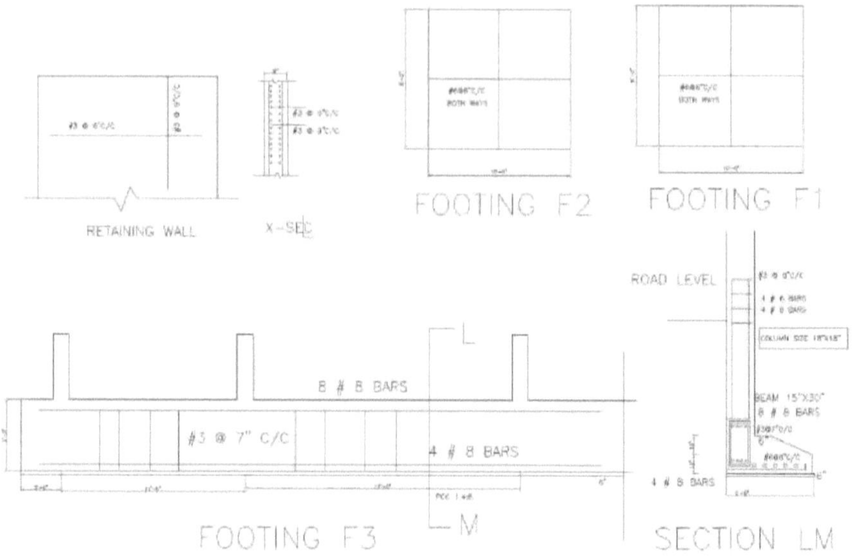

5.4 CUSTO DO PROJECTO ATRAVÉS DA ABORDAGEM TRADICIONAL NO LOCAL

Excavation

Length	Width	Height	Quantity	Rate	Cost
ft	Ft	ft	cft	(Rs./cft)	Rs
107	54.5	9	52483.5	8.5	446109.75
16.25	18	9	2632.5	8.5	22376.25

Backfilling

	Length	Width	Height	No	Quantity
	ft	Ft	ft		Cft
Footing	8	10	2.5	11	2200
Foundation wall	1.5	5	3	26	585
					Sum 2785

Length	Width	Height	Quantity	Rate	Cost
Ft	ft	ft	cft	(Rs./cft)	Rs
107	72.5	3	23272.5 -2785 20487.5	6.2	127022.5

Concrete

	Length	Width	Height	No	Quantity	Rate	Cost
	ft	ft	ft		cft	(Rs./cft)	Rs
Footing F1,F2	8	10	2.25	9	1620	272	440640
	107	5.5	2.25	1	1324.125	272	360162
Footing F3	75	5.5	2.25	1	928.125	272	252450
	1.5	5	3	26	585	272	159120
Foundation wall	107	0.75	5	2	802.5	272	218280
Retaining wall							
	98	1.25	2.5	2	612.5	272	166600
Plinth beam	99	1.25	2.5	2	618.75	272	168300
	107.5	89.5	0.17	4	6542.45		
Concrete slabs	91	18	0.17	4	556.92		
	92	18.5	0.17	4	578.68		
					5406.85	272	1470663.2

Foundation Reinforcing

Footing F1,F2

	Side	Spacing	Spaces	# of Bars	Bar Length	Total Length	wt of No6 Bar	Total wt
Short bars	8	0.5	16	17	5.167	87.839	1.502	1451.28

	Side	Spacing	Spaces	# of Bars	Bar Length	Total Length	wt of No6 Bar	Total wt
Long bars	10	0.5	20	21	5.167	108.507	1.502	1792.75

Foundation wall

	Spaces	No of Bars	Total Bar Length	Total weight
Vertical bars	7.317073	8.31707317	24.95121951	243.923122
	Spaces	No of Bars	Total Bar Length	Total weight
Horizontal bars	2.5	3.5	8.75	341.705

Dowels

Dowel Length(ft)	No of Dowels	Total Length	Total weight
3	8	624	650.832

Bar#	No of Bars	Length of each Bar	Wt of No 8 bar	No of Beams	Total wt.
8	8	50	2.67	22	2937

Retaining wall

Ratio of steel to concrete	wt. of steel
0.025	20.05

Total wt of steel in Foundation Reinforcement in Pounds = 5918.776894
Total Cost in Rs. = 201352.5

Slab Reinforcing

Ratio of steel to concrete	wt. of steel	cost (Rs)
0.01	54.0685	4055.1375

Columns

Concrete

Height (ft)	Width (ft)	No	Qty	Rate	Cost (Rs)
10.5	1.5	104	2457	272	668304

Steel

Length of vertical Bars(ft)	wt. of vertical Bars(lf)	vertical Dowels (lf)	Qty	wt of bars(lbs)
10.5	84	8	9568	25546.56

Tie Dia (ft)	Per Length Tie (ft)	Spaces	No of Ties	Total length (ft)	Wt (lbs)
14	3.7	10.5	11	4232.8	1591.53

Total wt. of steel in pounds = 27138.0928
Cost (Rs) = 923222

Plinth beam reinforcement

Stirrup

Bar#	No of stirrup	Length of each stirrup	Stirrup Length	No of Beams	wt. of #4 bar	Total wt.
4	4	2.5	10	22	0.668	146.96

Total wt of steel in pounds = 3083.96
Cost (Rs) = 83940

Beams

	Length	Width	Height	No	Quantity	Rate	Cost
	ft	ft	ft		cft	(Rs./cft)	Rs
B1	65.5	1	2	44	5764	650	3746600
A2	43.5	1	2	16	1392	650	904800
A1	50.25	1	2	40	4020	650	2613000
B2	65.5	1	2	8	1048	650	681200
B3	22	1	2	8	352	650	228800

Walls

	Length	Width	Height	No	Quantity	Rate	Cost
	ft	ft	ft		cft	(Rs./cft)	Rs
A	98	0.75	11	4	3234	5	218295
B	48.5	0.75	11	4	1600.5	5	108034
C	99	0.75	11	4	3267	5	220523
D	21	0.75	11	8	1386	5	93555
E	38	0.75	11	3	940.5	5	63483.8
F	31	0.75	11	1	255.75	5	17263.1
G	39	0.75	11	1	321.75	5	21718.1
H	51	0.75	11	6	2524.5	5	170404

Doors

	Width	Height	No	Quantity	Rate	Cost
	ft	ft		sft	(Rs./cft)	Rs
D1	7	8	4	224	400	89600
D2	21.017	8	2	336.267	400	134507
D3	2	8	15	240	400	96000
D4	3	10	7	210	400	84000
D5	3	8	9	216	400	86400

Windows

	Width	Height	No	Quantity	Rate	Cost
	ft	ft		sft	(Rs./cft)	Rs
W1	7	6	7	294	470	138180

Stairs

Concrete

	Length	Width	Height	No	Quantity	Rate	Cost
	ft	ft	ft		cft	(Rs./cft)	Rs
Inclined	4	2	12	4	384	272	104448
Landing	9	1	2	2	36	272	9792

Steel

Inclined

Length	Spaces	No of Bars	Total length	Total wt	No	Rate	Cost
ft			Ft	lb		(Rs./cft)	Rs
4	8	9	72	48.096	4	60	11543.04

Length	Spaces	No of Bars	Total length	Total wt	No	Rate	Cost
ft			Ft	lb		(Rs./cft)	Rs
8	10.667	11.6667	46.6667	17.546667	4	60	4211.2

Landing

Length	Spaces	No of Bars	Total length	Total wt	No	Rate	Cost
ft			Ft	lb		(Rs./cft)	Rs
1	2	3	27	17550	2	60	2106000

Length	Spaces	No of Bars	Total length	Total wt	No	Rate	Cost
ft			Ft	lb			Rs
9	12	13	13	4.888	2	60	586.56

Elevator = 883276.9902 Rs
Paint = 1236587.786 Rs
Sewage = 1059932.388 Rs
water line = 529966.1941Rs

Total Cost of Building = 21375303.16 Rs

5.5 CUSTO DO PROJECTO ATRAVÉS DA CONSTRUÇÃO FORA DO LOCAL

Excavation

Length	Width	Height	Quantity	Rate	Cost
ft	ft	ft	cft	(Rs./cft)	Rs
107	54.5	9	52483.5	8.5	446109.75
16.25	18	9	2632.5	8.5	22376.25

Backfilling

	Length	Width	Height	No	Quantity
	ft	ft	ft	(Rs./cft)	cft
Footing	8		2.5	11	2200
Foundation wall	1.5	5	3	26	585

Length	Width	Height	Quantity	Rate	Cost
ft	ft	ft	cft	(Rs./cft)	Rs
107	72.5	3	23272.5 -2785 20487.5	6.2	127022.5
					Sum 2785

Concrete

	Length	Width	Height	No	Quantity	Rate	Cost
	ft	ft	ft		cft		Rs
Footing f1,f2	8		2.25	9	1620	272	440640
	107	5.5	2.25	1	1324.125	272	360162
Footing f3	75	5.5	2.25	1	928.125	272	252450
	1.5	5	3	26	585	272	159120
Foundation wall	107	0.75	5	2	802.5	272	218280
Retaining wall	98	1.25	2.5	2	612.5	272	166600

Foundation Reinforcing

Footing F1,F2

	Side	Spacing	Spaces	# of Bars	Bar Length	Total Length	wt. of No6 Bar	Total wt
Short bars	8	0.5	16	17	5.167	87.839	1.502	1451.28

	Side	Spacing	Spaces	# of Bars	Bar Length	Total Length	wt of No6 Bar	Total wt
Long bars	10	0.5	20	21	5.167	108.507	1.502	1792.75

Foundation wall

Vertical bars

Spaces	No of Bars	Total Bar Length	Total weight
7.317073	8.31707317	24.95121951	243.923122

Horizontal bars

Spaces	No of Bars	Total Bar Length	Total weight
2.5	3.5	8.75	341.705

Dowels

Dowel Length(ft)	No of Dowels	Total Length	Total weight
3	8	624	650.832

Retaining wall

Ratio of steel to concrete	wt of steel
0.025	20.05

Total wt. of steel in Foundation Reinforcement in Pounds = 5918.776894

Total Cost in Rs. = 201352.5

Precast Slabs and Beams

Size	No	Qty(sqft)	Rate (Rs/sft)	Cost(Rs)
21' x 17'	36	12852	170	2184840
30.5' x 19.2'	4	2342.4	170	398208
40' X 16.3'	2	1304	170	221680

Plinth beams

Size	No	Qty (Rft)	Rate (Rs/Rft)	Cost(Rs)
1.25' x 2.5' x 50'	22	50	2200	2420000

Columns

Concrete

Height (ft)	Width (ft)	No	Qty	Rate	Cost (Rs)
10.5	1.5	104	2457	272	668304

Steel

Length of vertical Bars(ft)	wt. of vertical Bars(lf)	vertical Dowels (lf)	Qty(Rs/lft)	wt of bars(lbs)
10.5	84	8	9568	25546.56

Tie Dia (ft)	Per Length Tie (ft)	Spaces	No of Ties	Total length (ft)	wt. (lbs)
14	3.7	10.5	11	4232.8	1591.53

Total wt of steel in pounds = 27138.0928
Cost (Rs) = 923222

Walls

	Length	Width	Height	No	Quantity	Rate	Cost
	ft	ft	ft		cft	(Rs/cft)	Rs
A	98	0.75	11	4	3234	5	218295
B	48.5	0.75	11	4	1600.5	5	108034
C	99	0.75	11	4	3267	5	220523
D	21	0.75	11	8	1386	5	93555
E	38	0.75	11	3	940.5	5	63483.8
F	31	0.75	11	1	255.75	5	17263.1
G	39	0.75	11	1	321.75	5	21718.1
H	51	0.75	11	6	2524.5	5	170404

Doors

	Width	Height	No	Quantity	Rate	Cost
	ft	ft		sft	(Rs/sft)	Rs
D1	7	8	4	224	400	89600
D2	21.017	8	2	336.267	400	134507
D3	2	8	15	240	400	96000
D4	3	10	7	210	400	84000
D5	3	8	9	216	400	86400

Windows

	Width	Height	No	Quantity	Rate	Cost
	ft	ft		sft	(Rs/sft)	Rs
W1	7	6	7	294	470	138180

Stairs

Concrete

	Length	Width	Height	No	Quantity	Rate	Cost
	ft	ft	ft		cft	(Rs/cft)	Rs
Inclined	4	2	12	4	384	272	104448
Landing	9	1	2	2	36	272	9792

Steel

	Length	Spaces	No of Bars	Total length	Total wt	No	Rate	Cost
	ft			ft	lb		(Rs/lb)	Rs
Inclined	4	8	9	72	48.096	4	60	11543.04

Length	Spaces	No of Bars	Total length	Total wt	No	Rate	Cost
ft			Ft	lb			Rs
8	10.667	11.6667	46.6667	17.546667	4	60	4211.2

	Length	Spaces	No of Bars	Total length	Total wt	No	Rate	Cost
Landing	ft			Ft	lb			Rs
	1	2	3	27	17550	2	60	2106000

Length	Spaces	No of Bars	Total length	Total wt	No	Rate	Cost
ft			Ft	lb			Rs
9	12	13	13	4.888	2	60	586.56

	Area of Roof	No	Rate	Cost
False ceiling	Sq. ft.			Rs
	7800	3	26	608400

Elevator = 787292.6 Rs
Paint = 1102210 Rs
Sewage = 944751.1 Rs
water line = 472375.5 Rs

Total Cost of Building = 19788644.48 Rs

5.6 RESUMO DA COMPARAÇÃO DE CUSTOS

Custo de construção tradicional no local = 21375303.16 Rs

Custo de construção fora do estaleiro = 19788644.48 Rs

Diferença em percentagem = 7,422859307 %

Ao fazer uma comparação de custos entre a construção tradicional no local e a construção fora do local de um projeto de construção. As estimativas de custos indicam que o custo da construção fora do local é 7,4 % inferior ao da construção tradicional no local.

5.7 CALENDÁRIO DO PROJECTO ATRAVÉS DA ABORDAGEM TRADICIONAL NO LOCAL

O calendário do projeto é preparado com a ajuda do software MS Project. O calendário do projeto através da construção tradicional no local é apresentado abaixo;

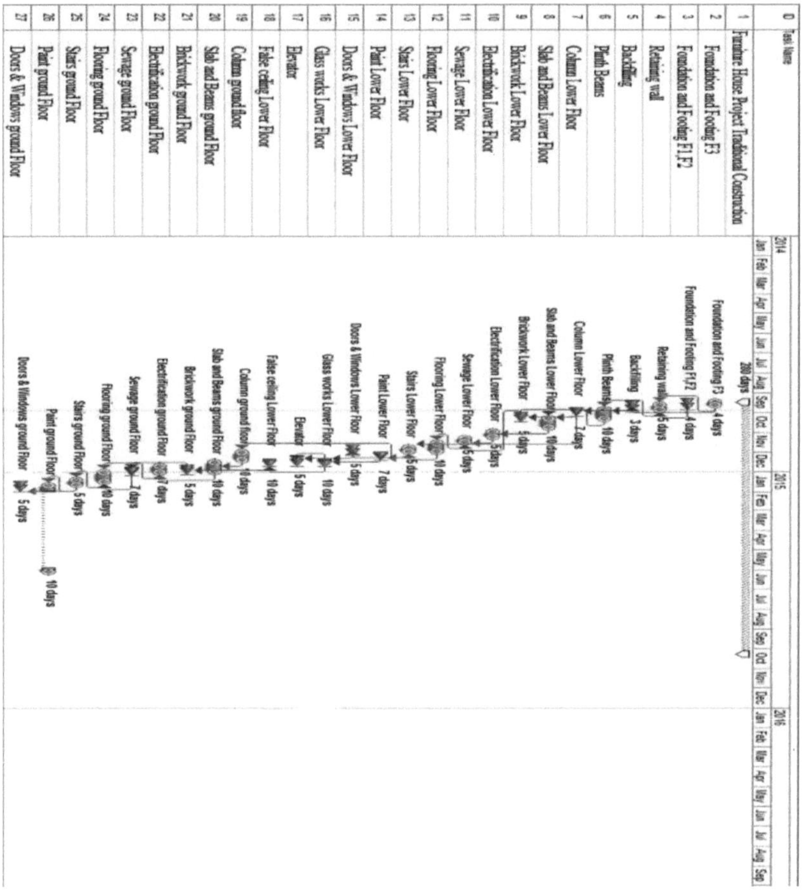
Task Name
Furniture House Project Traditional Construction
Foundation and Footing F3
Foundation and Footing F1,F2
Retaining wall
Backfilling
Plinth Beams
Column Lower Floor
Slab and Beams Lower Floor
Brickwork Lower Floor
Electrification Lower Floor
Sewage Lower Floor
Flooring Lower Floor
Stairs Lower Floor
Paint Lower Floor
Doors & Windows Lower Floor
Glass works Lower Floor
Elevator
False ceiling Lower Floor
Column ground floor
Slab and Beams ground Floor
Brickwork ground Floor
Electrification ground Floor
Sewage ground Floor
Flooring ground Floor
Stairs ground Floor
Paint ground Floor
Doors & Windows ground Floor
2014
2015
2016
280 days

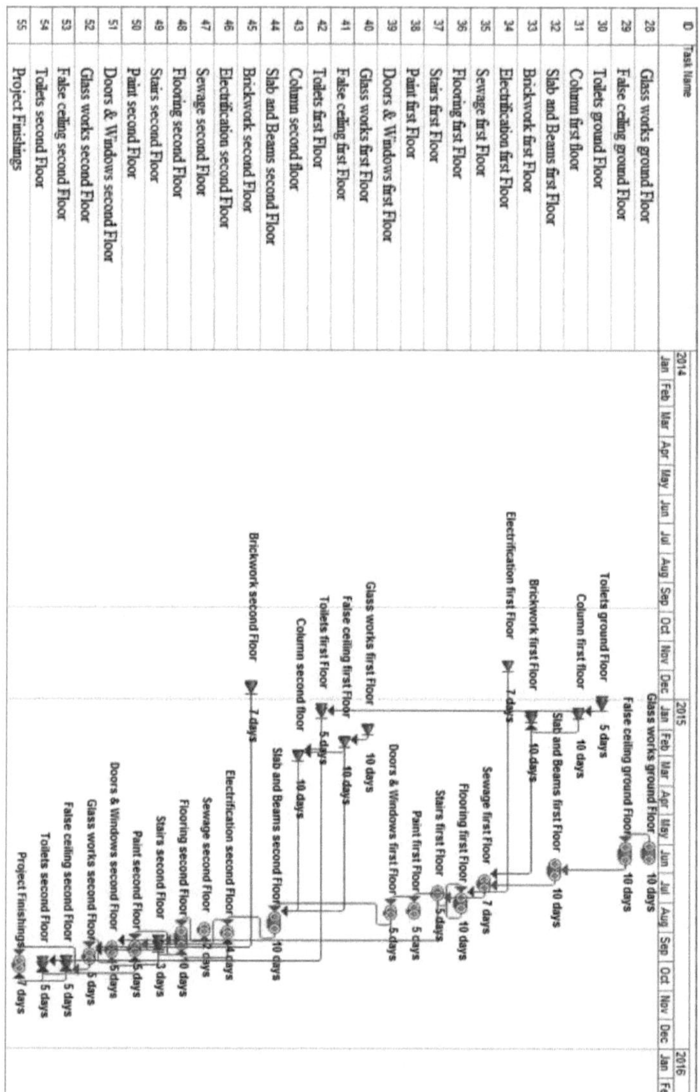

5.8 CALENDÁRIO DO PROJECTO ATRAVÉS DO EXTERIOR

O calendário do projeto é preparado com a ajuda do software MS Project. O calendário do projeto através da construção fora do local é apresentado a seguir

	Task Name	Duration	Predecessors	Successors
1	- Furniture House Project Offsite Construction	260 days		
2	Foundation and Footing F3	4 days		4,5FF+2 days
3	Foundation and Footing F1,F2	4 days		4FF,5FF+2 days
4	Retaining wall	5 days	2,3FF	6
5	Backfiling	3 days	2FF+2 days,3FF-	6,7FS+1 day
6	Pinth Beams	10 days	4,5	8
7	Column Lower Floor	7 days	5FS+1 day	8,10,14FS+2 days
8	Slab and Beams Precast	1 day	6,7,10SS	11FS+5 days,9
9	Slab and Beam Installation	1 day	8	13
10	Brickwork Lower Floor	5 days	7	8SS,12SF
11	Electrification Lower Floor	5 days	8FS+5 days	12FS+1 day,37FS+1
12	Sewage Lower Floor	5 days	11FS+1 day,10S	13
13	Flooring Lower Floor	10 days	12,9	14FF
14	Stairs Lower Floor	5 days	13FF,7FS+2 day:	15,16FF,20
15	Paint Lower Floor	7 days	14	17
16	Doors & Windows Lower Floor	5 days	14FF	17FS+1 day,18
17	Glass works Lower Floor	10 days	15,16FS+1 day	18SS,19FF,43FS+2 (
18	Elevator	5 days	16,17SS	49FS-2 days,59FF+1
19	False ceiling Lower Floor	15 days	17FF	23,21FS+2 days
20	Column ground floor	10 days	14	22FS+2 days
21	Slab and Beam Precast	1 day	19FS+2 days	22,35
22	Slab and Beams ground Floor installation	1 day	20FS+2 days,21	24FF+1 day
23	Brickwork ground Floor	5 days	19	25SS+1 day
24	Electrification ground Floor	7 days	22FF+1 day	26,32
25	Sewage ground Floor	7 days	23SS+1 day	26FF+2 days
26	Flooring ground Floor	10 days	24,25FF+2 days	27FS-2 days

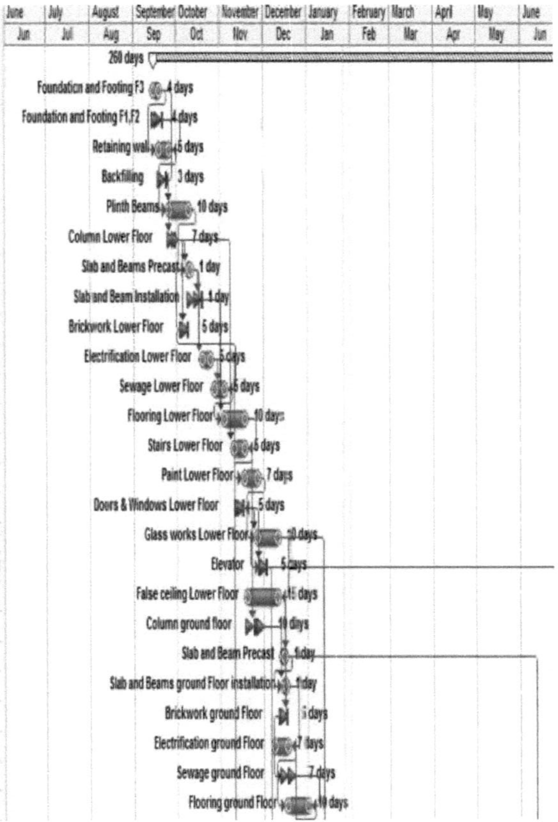

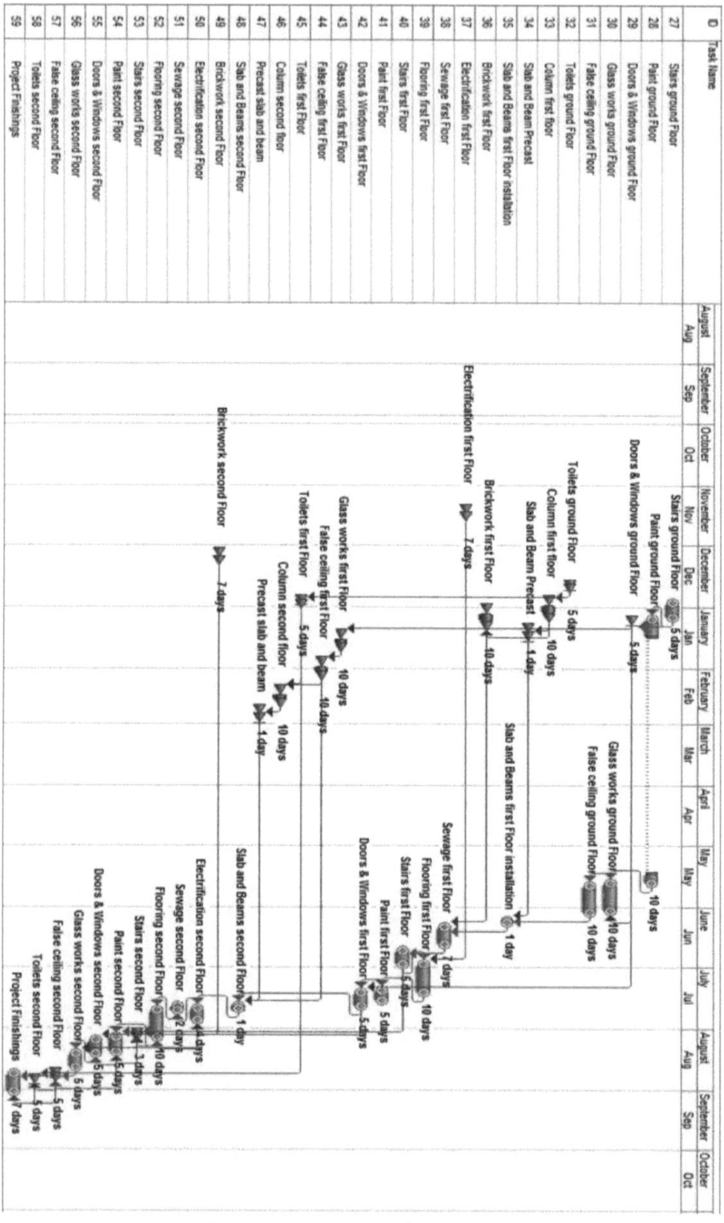

5.9 COMPARAÇÃO DO CALENDÁRIO DA CONSTRUÇÃO TRADICIONAL NO LOCAL E DA CONSTRUÇÃO FORA DO LOCAL

Ao fazer a comparação, obtivemos a duração das abordagens de construção tradicional no local e fora do local (utilizando apenas lajes e vigas pré-fabricadas).

Duração total do calendário de construção no local = 280 dias

Duração total do calendário de construção fora do local = 260 dias

Diferença em dias = 280 dias - 260 dias

= 220 dias

Diferença em %= (1 - 260/280) X 100

= 7.14%

Por conseguinte, ficámos a saber que um projeto realizado através de construção fora do local leva menos 7,14% de tempo a realizar do que a construção tradicional no local.

5.10 RESUMO

Neste capítulo, é efectuado um estudo de caso de um edifício de 4 andares na cidade de Multan. O custo do projeto e a duração do projeto são calculados através da construção tradicional no local e da construção fora do local. Para a estimativa dos custos, os preços são retirados do mercado da construção de Multan e os preços dos pré-fabricados são retirados da Ittefaq concrete. Fazendo a comparação do custo e da duração da construção no local e fora do local, chegámos à conclusão de que a construção fora do local tem uma duração 7,1% menor e um custo 7,4% menor do que a construção tradicional no local.

Capítulo 6

CONCLUSÕES E RECOMENDAÇÕES

6.1 INTRODUÇÃO

Um grupo alargado de estudos sobre o desenvolvimento moderno considerou os métodos externos como um destaque entre as melhores metodologias para vencer os desafios da indústria, por exemplo, a falta de trabalhadores qualificados, os horários forçados dos gestores e as condições climáticas adversas (Liska & Piper, 1999; Hass, 2000; Gibb, 2001; Sawyer, 2006). Os analistas inspeccionaram a utilização de procedimentos de desenvolvimento fora do local de trabalho no sector privado, investigaram o impacto na força de trabalho e exploraram os méritos e as dificuldades da utilização destas metodologias (O' Brien, 2000; Walter, 2001; Waskett, 2001; Blisams, 2006).

Em todo o caso, até ao momento, nenhum estudo analisou o nível atual de utilização de estratégias de desenvolvimento fora do local na indústria da construção do Paquistão. Nenhum dos estudos anteriores examinou a observação dos consultores e dos empreiteiros no que respeita à utilização de técnicas de construção fora do estaleiro. Este estudo também identifica os diferentes benefícios da construção fora do estaleiro em comparação com a construção tradicional no local. Mostra também as relações entre as percepções dos consultores e dos empreiteiros sobre vários parâmetros da construção fora do estaleiro. A regressão linear também é aplicada neste estudo para verificar a semelhança entre consultores e empreiteiros em diferentes sectores. Mostra também a perceção dos empreiteiros em relação às suas categorias de PEC. Para além disso, é também apresentado um estudo de caso para comparar a duração e o custo da construção tradicional no local com a construção fora do local.

6.2 CONCLUSÕES

6.2.1 Grau de construção fora do estaleiro no Paquistão

Em 2014, os consultores e os empreiteiros especificaram o grau de construção fora do local utilizado no Paquistão. Quase 50% dos consultores e empreiteiros afirmam que 6 a 20% da construção fora do local é efectuada no Paquistão. As técnicas de pré-fabricação e de construção pré-fabricada são habitualmente utilizadas no Paquistão. Recomenda-se a utilização de mais práticas fora do estaleiro no Paquistão, a fim de obter benefícios como a compressão do calendário, o aumento do nível de qualidade, a redução dos custos, etc.

6.2.2 Fator único mais importante

Em 2014, tanto os consultores como os empreiteiros afirmam que a menor duração é o fator que mais impulsiona a utilização de técnicas de construção fora do local. E o segundo fator importante é o custo. A partir do estudo de caso, verifica-se que a estratégia de construção fora do local resulta numa redução da duração e dos custos em comparação com a construção tradicional no local.

6.2.3 Benefícios e desafios

As conclusões desta investigação mostram que tanto os consultores como os empreiteiros concordaram que os possíveis benefícios da construção fora do local, em comparação com a construção tradicional no local, são

1) Redução da duração do projeto
2) Redução da procura de trabalhadores qualificados
3) Aumentar a produtividade do trabalho
4) Aumentar a segurança
5) Redução das perturbações no local
6) Redução do impacto negativo de outras operações
7) Aumentar a eficiência da conceção de produtos
8) Aumentar a eficiência da gestão
9) Aumentar a poupança global de custos

10) Redução do congestionamento de mão de obra no local

11) Menos trabalhadores são necessários no local

Tanto os consultores como os empreiteiros concordaram que os possíveis desafios da construção fora do local, em comparação com a construção tradicional no local, são

1) Viabilidade dos transportes

2) Opções limitadas de conceção

Tanto os consultores como os contratantes discordaram do facto de

1) O planeamento do projeto é uma barreira para a construção fora do local

2) O software informático de conceção é uma barreira para a construção fora do estaleiro

Os consultores e os contratantes apresentam uma relação linear, bem como o mesmo comportamento de classificação entre si.

Para uma melhor compreensão, são também efectuadas comparações entre subgrupos. Ao fazer a comparação das categorias do PEC dos empreiteiros ficámos a saber que:

1) A categoria CA concordou que a construção fora do local diminui a duração, a interrupção de outros trabalhos no local, o efeito ambiental negativo, o congestionamento da mão de obra e a necessidade de trabalhadores qualificados. Também mencionou que a construção fora do local aumenta a eficiência da gestão, a produtividade do trabalho e a poupança de mão de obra. No entanto, esta categoria sugeriu que a viabilidade do transporte é um desafio para a construção fora do local.

2) A categoria CB concordou que a construção fora do local diminui a duração do projeto, o custo do projeto, a interrupção de outros trabalhos no local, o efeito ambiental negativo, o congestionamento do trabalho e aumenta a qualidade do produto, a eficiência da gestão, a poupança global de custos, a segurança, a produtividade do trabalho e a poupança de mão de obra. No entanto, esta categoria sugeriu que a viabilidade do transporte, as alterações no trabalho no local, o software complexo para o projeto e o aumento do custo do projeto são desafios para a construção fora do local.

3) A categoria C1 concordou que a construção fora do local diminui a duração do projeto, o custo do projeto, a necessidade de trabalhadores qualificados no local, a interrupção de outros trabalhos no local, o efeito ambiental negativo, o congestionamento da mão de obra e aumenta a poupança global de custos, a eficiência da conceção, a produtividade da mão de obra, a eficiência da gestão e a poupança de mão de obra. No entanto, esta categoria sugeriu que a viabilidade do transporte é um desafio para a construção fora do estaleiro.

4) A categoria C2 concordou que a construção fora do local diminui a duração do projeto, o custo do projeto, a necessidade de trabalhadores qualificados no local, a interrupção de outros trabalhos no local, o efeito ambiental negativo, o congestionamento da mão de obra e aumenta a poupança global de custos, a qualidade do produto, a segurança, a eficiência da conceção, a produtividade da mão de obra e a poupança de mão de obra. No entanto, esta categoria sugere que a viabilidade do transporte é um desafio para a construção fora do estaleiro.

5) A categoria C3 concordou que a construção fora do local diminui a duração do projeto, o custo do projeto, a necessidade de trabalhadores qualificados no local, a perturbação de outros trabalhos no local, o efeito ambiental negativo, o congestionamento do trabalho e aumenta a segurança, a eficiência do projeto, a produtividade do trabalho e as poupanças de trabalho. No entanto, esta categoria sugeriu que a viabilidade do transporte, o aumento dos custos de conceção, a limitação das opções de conceção e as alterações nos trabalhos no local constituem desafios para a construção fora do local.

6) A categoria C4 concordou que a construção fora do local diminui a duração do projeto, a necessidade de trabalhadores qualificados no local, a perturbação de outros trabalhos no local, o efeito ambiental negativo, o congestionamento da mão de obra e aumenta a poupança global de custos, a qualidade do produto, a segurança, a eficiência da conceção, a produtividade da mão de obra e a poupança de mão de obra. No entanto, esta categoria sugeriu que a viabilidade do transporte, o aumento dos custos de conceção, o planeamento complexo do projeto, o software complicado para a conceção e as alterações no trabalho no local são desafios para a construção fora do local.

7) A categoria C5 concordou que a construção fora do local diminui a duração do projeto, a necessidade de trabalhadores qualificados no local, a interrupção de outros trabalhos no local, o efeito ambiental negativo, o congestionamento da mão de obra e aumenta a qualidade do produto, a eficiência da conceção, a produtividade da mão de obra e as poupanças de mão de obra. No entanto, esta categoria sugeriu que a viabilidade do transporte e o aumento do custo do projeto são desafios para a construção fora do local.

8) A categoria C6 concordou que a construção fora do local diminui a duração do projeto, o custo de construção, a necessidade de trabalhadores qualificados no local e a perturbação de outros trabalhos no local, o efeito ambiental negativo, o congestionamento da mão de obra e aumenta a qualidade do produto, a segurança, a eficiência da conceção, a produtividade da mão de obra e as poupanças de mão de obra.

As categorias PEC do empreiteiro mostram diferenças no comportamento de classificação no Planeamento do Projeto, software complicado para o design, opções limitadas para o design são barreiras para a construção fora do local. Como diferentes obras têm diferentes estratégias de planeamento, software de conceção e opções de conceção na construção fora do local.

Agora, a partir da comparação de subgrupos para o sector dos consultores, chegámos à conclusão de que

1) O sector residencial concordou que a construção fora do local diminui a duração do projeto, a necessidade de trabalhadores qualificados no local, a perturbação de outras obras no local, o efeito ambiental negativo, o congestionamento da mão de obra e aumenta a qualidade do produto, a segurança, a eficiência da conceção, a eficiência da gestão, a produtividade da mão de obra e as poupanças de mão de obra e concordou que a viabilidade do transporte, o planeamento complexo do projeto, as alterações no trabalho no local e a opção limitada de conceção são desafios para a construção fora do local.

2) O sector comercial concordou que a construção fora do local diminui a duração do projeto, o custo de construção, a perturbação de outros trabalhos no local, o efeito ambiental negativo, o congestionamento da mão de obra e aumenta a eficiência da conceção, as poupanças globais em termos de custos, a produtividade da mão de obra e concordou que o planeamento complexo do projeto e as alterações no trabalho no local são desafios para a construção fora do local.

3) O sector industrial concordou que a construção fora do local diminui a duração do projeto, o custo de construção, a interrupção de outros trabalhos no local, o efeito ambiental negativo, o congestionamento da mão de obra e aumenta a eficiência da conceção, a segurança, a qualidade do produto, as poupanças globais de custos, a eficiência da gestão, as poupanças de mão de obra, a produtividade da mão de obra e concordou que a viabilidade do transporte, a opção limitada de conceção e o planeamento complexo do projeto são desafios para a construção fora do local.

4) O sector das infra-estruturas concordou que a construção fora do local diminui a duração do projeto, o custo de construção, a perturbação de outros trabalhos no local, o efeito ambiental negativo, o congestionamento da mão de obra e aumenta a eficiência da conceção, a segurança, a qualidade do produto, as poupanças globais de custos, as poupanças de mão de obra, a produtividade da mão de obra e concordou que a viabilidade do transporte, os limites para alterar o trabalho no local e as opções limitadas para a conceção são desafios para a construção fora do local.

Os sectores de consultoria apresentam um comportamento diferente em termos de classificação no que se refere à diminuição de mão de obra e ao aumento da eficiência da gestão do estaleiro na construção fora do estaleiro. Tal como no Paquistão, há falta de trabalhadores especializados na construção fora do estaleiro e más práticas de gestão de projectos no Paquistão.

Agora, a partir da comparação de subgrupos de contratantes por sector, chegámos à conclusão de que

1) O sector residencial concordou que a construção fora do local diminui a duração do projeto, o congestionamento da mão de obra e aumenta a produtividade do trabalho.

2) O sector comercial concordou que a construção fora do local diminui a duração do projeto, o custo de construção, a necessidade de trabalhadores qualificados no local, a perturbação de outros trabalhos no local, o efeito ambiental negativo, o congestionamento da mão de obra e aumenta a eficiência da conceção, a segurança, as poupanças globais nos custos, a produtividade da mão de obra, a eficiência da gestão, a qualidade do produto, as poupanças na mão de obra e concordou que limita a opção de conceção, a viabilidade do transporte, o software para a conceção, o aumento do custo da conceção são desafios para a construção fora do local.

3) O sector industrial concordou que a construção fora do local diminui a duração do projeto, a necessidade de trabalho qualificado no local, o custo de construção, a perturbação de outros trabalhos no local, o efeito ambiental negativo, o congestionamento da mão de obra e aumenta a eficiência da conceção, a segurança, as poupanças globais em termos de custos, a eficiência da gestão, as poupanças de mão de obra, a produtividade da mão de obra e concordou que a viabilidade do transporte, o software para a conceção, o aumento do custo da conceção, a opção limitada para a conceção, as alterações no trabalho no local são desafios para a construção fora do local.

4) O sector das infra-estruturas concordou que a construção fora do local diminui a duração do projeto, a necessidade de trabalhadores qualificados no local, o custo da construção, a perturbação de outras obras no local, o efeito ambiental negativo, o congestionamento da mão de obra e aumenta a eficiência da conceção, a segurança, a eficiência da gestão, a qualidade do produto, a poupança de mão de obra, a produtividade da mão de obra e concordou que a viabilidade do transporte e o aumento do custo da conceção são desafios para a construção fora do local.

Os sectores dos empreiteiros apresentam uma diferença de 5% na classificação devido a restrições no planeamento do projeto, alterações no trabalho no local e software de conceção. Uma vez que os empreiteiros estão muito conscientes das alterações no projeto, se for feito um planeamento adequado, serão necessárias menos alterações no trabalho no local.

. Não existe qualquer relação entre consultores e empreiteiros, em termos sectoriais, sobre técnicas de construção fora do local. De acordo com o fator de correlação de Spearman, existe uma semelhança de classificação entre eles.

6.2.4 Comparação de estudos de caso

Comparando o projeto através da abordagem tradicional no local e da abordagem fora do local (utilizando apenas lajes e vigas), conclui-se que a construção fora do local demora menos tempo e custa menos na indústria da construção do Paquistão.

Os resultados concluíram que o sector da construção do Paquistão não está muito consciente dos benefícios e desafios da construção fora do local. Deveria haver um programa de sensibilização sobre as técnicas de construção fora do estaleiro.

6.3 RECOMENDAÇÕES

Este segmento apresenta propostas reais que, se adoptadas, podem não só aumentar a atenção para a utilização de métodos fora do local de construção, mas também ajudar a melhorar o sector da construção no Paquistão.

- O mundo está a avançar para a construção modular, enquanto que no Paquistão apenas se utilizam técnicas de construção pré-fabricadas, pré-fabricadas e em painéis. Por isso, deveria haver alguns programas de consciencialização sobre os benefícios da construção fora do local.
- Os fabricantes e fornecedores, as organizações competentes e as organizações de investigação podem também investir recursos na criação de materiais de desenvolvimento electivos para contrariar as limitações de transporte na utilização de estratégias de desenvolvimento fora do local.
- Poderá ser necessário efetuar estudos de caso para analisar a utilização de métodos fora do estaleiro no que diz respeito à qualidade, ao contrato, aos resíduos e à segurança da empresa.
- Os consultores e os empreiteiros podem muito bem trabalhar em conjunto para melhorar a qualidade, a mão de obra no local, e colaborar com o cliente no planeamento ao longo da fase de conceção para reduzir a probabilidade de alterações no local em métodos externos

REFERÊNCIAS

AbouRizk, S. M., & Halpin, D. W. (1992). Statistical properties of construction duration data. *Journal of Construction Engineering and Management*, *118*(3), 525-544.

Arif, M., & Egbu, C. (2010). Making a case for offsite construction in China, *Engineering, Construction and Architectural Management*, *17*(6), 536-548.

Asiz, A., Iranpour, M., & Smith, I. (2005). Análise das tensões estruturais durante o manuseamento e transporte de habitações construídas em fábrica. Na *33ª Conferência Anual da Sociedade Canadiana de Engenheiros Civis. Toronto, Canadá.*

ASIZ, A., SMITH, I., HU, C., & AFZAL, M. (2006). Forças de elevação e transporte em unidades pré-fabricadas. In *Proc. Conf. Mundial de Eng. Timber Eng., CD-ROM.*

Azman, M. N. A., Ahamad, M. S. S., & Hussin, W. W. (2012). Estudo comparativo sobre o processo de construção de pré-fabricação. *International surveying research journal*, *2*(01), 45-58.

Pesquisa AMA. (2007). Práticas actuais e potencial futuro dos métodos modernos de construção. *Banury, Reino Unido: WRAP*

Azhar, S., Lukkad, M. Y., & Ahmad, I. (2013). Uma investigação de fatores críticos e restrições para a seleção de construção modular sobre a técnica convencional de construção em bastão. *International Journal of Construction Education and Research*, *9*(3), 203-225.

Bakens, W. (1997). International trends in building and construction research. *Journal of construction engineering and management*, *123*(2), 102-104.

Bartlett, J.E., Kotrlik, J.W., Higgins, C.C., (2001). Investigação organizacional: Determining appropriate sample size in survey research dimensão adequada da amostra na investigação por inquérito. *Information Technology, Learning, and Performance Journal*, 19(1), 43.

Barlow, J. (1999). From craft production to mass customization. Innovation requirements for the UK housebuilding industry. *Housing Studies*, *14*(1), 23-42.

Blismas, N., Pasquire, C., & Gibb, A. (2006). Avaliação dos benefícios da produção fora do local na construção. *Construction Management and Economics*, *24*(2), 121-130.

Blismas, N. G., Pendlebury, M., Gibb, A., & Pasquire, C. (2005). Constrangimentos à utilização da produção fora do local em projectos de construção. *Architectural Engineering and Design Management*, *1* (3), 153-162.

Burleson, R. C., Haas, C. T., Tucker, R. L., & Stanley, A. (1998). Estratégias de utilização de mão de obra multi-qualificada na construção. *Journal of construction engineering and management*, *124*(6), 480-489.

Burleson, R. C. (1998). *An Analysis of Multiskilled Labor Strategies in Construction: A Report to the Construction Industry Institute, the University of Texas at Austin, da Universidade do Texas em Austin, Austin, Texas*. Instituto da Indústria da Construção.

Burwood, S., & Poul, J. (2005). Métodos modernos de construção: evolução ou revolução: A BURA Steering and Development Forum Report. *Londres: Associação Britânica de Regeneração Urbana.*

Chiang, Y. H., Hon-Wan Chan, E., & Ka-Leung Lok, L. (2006). Prefabrication and barriers to entry - a case study of public housing and institutional buildings in Hong Kong. *Habitat International*, *30*(3), 482-499.

Construção, M. H. (2011). Pré-fabricação e Modularização: Aumentar a Produtividade na Indústria da Construção.

De Klerk, D. (2013). *Construção modular pré-fabricada de escolas na África do Sul* (Dissertação de doutoramento, Stellenbosch: Universidade de Stellenbosch).

Fainstein, S. S. (2008). Mega-projects in New York, London and Amsterdam (Mega-projectos em Nova Iorque, Londres e Amesterdão). *International Journal of Urban and Regional Research*, *32*(4), 768-785.

Gann, D., & Senker, P. (1993). International trends in construction technologies and the future of housebuilding. *Futures*, *25*(1), 53-65.

Gann, D. M. (1996). A construção como um processo de fabrico? Semelhanças e diferenças entre a habitação industrializada e a produção automóvel no Japão. *Construction Management & Economics*, *14*(5), 437-450.

Haas, C. T., & Fagerlund, W. R. (2002). *Preliminary research on prefabrication, pre-assembly, modularization and off-site fabrication in construction.*

Hsieh, T. Y. (1997). The economic implications of subcontracting practice on building prefabrication (As implicações económicas da prática de subcontratação na pré-fabricação de edifícios). *Automação na construção*, *6*(3), 163-174.

Kouabenan, D. R. (2009). O papel das crenças na análise e prevenção de acidentes e riscos. *Ciência da Segurança*, *47*(6), 767-776

Kieran, S., & Timberlake, J. (2004). Prefabricating Architecture.

Lawson, R. M., & Richards, J. (2010). Modular design for high-rise buildings. *Actas do ICEStructures and Buildings*, *163*(3), 151-164.

Levander, E., & Sardén, Y. (2009, setembro). Maintenance and operating costs in off-site timber framed housing. Em *Actas da 25ª Conferência Anual da ARCOM, Nottingham, Reino Unido* (pp. 7-9).

Piper, C., & Liska, R. W. (2000). Atrair e reter uma força de trabalho qualificada na construção. In *ASC Proceedings of the 36th Annual Conference* (pp. 277-286).

Lu, N. (2007). Investigation of Designers' and General Contractors' Perceptions of Offsite Construction Techniques in the United States Construction Industry [Investigação das Percepções dos Projectistas e Empreiteiros Gerais sobre Técnicas de Construção Fora do Local na Indústria da Construção dos Estados Unidos].

Lu, N., & Korman, T. (2010). Implementação da modelação da informação da construção (BIM) na construção modular: Benefícios e desafios. *Instituto de Construção da ASCE Reston, VA.*

Nadim, W., & Goulding, J. S. (2010). Offsite production in the UK: the way forward? A UK construction industry perspective. *Construction Innovation: Information, Process, Management*, *10*(2), 181202.

Nawari, N. O. (2012). Padrão BIM na construção fora do local. *Jornal de Engenharia Arquitetónica*, *18*(2), 107-113.

Corporação de Desenvolvimento Habitacional da Cidade de Nova Iorque. (2012). *Atlantic Yards B2 Fact Sheet julho de 2012. Cidade de Nova Iorque.*

Ott, R., & Longnecker, M. (2008). *Uma introdução aos métodos estatísticos e à análise de dados*. Cengage Learning.

Pan, W., Gibb, A. G., & Dainty, A. R. (2007). Perspectivas dos construtores de casas do Reino Unido sobre a utilização de métodos modernos de construção fora do local. *Construction Management and Economics*, *25*(2), 183-194.

Pasquire, C. L., & Connolly, G. E. (2002). Leaner construction through off-site manufacturing. *Anais IGLC, Gramado, Brasil.*

Pasquire, C. L., & Gibb, A. G. (2002). Considerações para avaliar os benefícios da normalização e da pré-montagem na construção.

Russell, B. (1981). *Building systems, industrialization, and architecture*. Nova Iorque: Wiley.

Saunders, M. N., Saunders, M., Lewis, P., & Thornhill, A. (2011). *Métodos de investigação para estudantes de gestão, 5/e*. Pearson Education India.

Sawyer, T. (2006). A procura leva os construtores de casas a construir rapidamente e a inovar. *Engineering News-Record*, 2-9.

Schoenborn, J. M. (2012). *A Case Study Approach to Identifying the Constraints and Barriers to Design Innovation for Modular Construction* (Dissertação de doutoramento, VIRGINIA POLYTECHNIC INSTITUTE AND STATE UNIVERSITY).

Schonberger, R. J. (1983). Técnicas de fabrico japonesas. *Nove lições ocultas de simplicidade.*

Tam, V. W., Tam, C. M., Zeng, S. X., & Ng, W. C. (2007). Towards adoption of prefabrication in construction (Para a adoção da pré-fabricação na construção). *Building and environment*, *42*(10), 3642-3654.

ANEXO A

Resultados do teste T do Minitab

Anexo A-1

Teste T de uma amostra:

```
Teste de mu = 4 vs não = 4
N Média StDev SE Média 95% CIT                    P
Consultores 704       .6941  .6700    .278   (4.129, 5.260)  2.490 .017
Teste de mu = 4 vs não = 4
N Média StDev SE Média 95% CIT                    P
contratantes 704      .4721  .4830    .247   (3.970, 4.974)  1.910 .064
```

Teste T de duas amostras:

```
T de duas amostras para Consultores vs. Empreiteiros
             N   Média StDev  SE Média
Consultores  70  4.69  1.67   0.28
Empreiteiros 70  4.47  1.48   0.25
Diferença = mu (Consultores) - mu (Empreiteiros)
Estimativa da diferença: 0.222
IC 95% para a diferença: (-0,520, 0,965)
Teste T da diferença = 0 (vs não =): T-Value = 0,60 P-Value = 0,          552DF=138
Ambos utilizam o StDev agrupado = 1,5794
```

Anexo A-2

Teste T de uma amostra:

```
Teste de mu = 4 vs não = 4
Variável     N    Média  StDev  SE Média  95%      IC     T     P
consultores  70   5.222  1.436  0.239     (4.736,  5.708) 5.11  0.000
Teste de mu =4 vs não =  4
Variável     N    Média  StDev  SE Média  95%      IC     T     P
Empreiteiros 70   4.306  1.954  0.326     (3.644,  4.967) 0.94  0.355
```

Teste T de duas amostras:

```
Duas amostraspar consultores  vs Empreiteiros
T            a
             N   Média StDev  SE Média
consultores  70  5.22  1.44   0.24
Empreiteiros 70  4.31  1.95   0.33
Diferença = mu (consultores) - mu (empreiteiros) Estimativa da diferença: 0.917
IC 95% para a diferença: (0,111, 1,723)
Teste T de diferença = 0 (vs não =): T-Value = 1.19 P-Value = 0.06 DF = 138
Ambos utilizam o StDev agrupado = 1,7149
```

Anexo A-3

Teste T de uma amostra:

```
Teste de mu = 4 vs não = 4
     VariávelNMeanStDevSE Mean95%CITP
     consultants704.8061.8180.303(4.191, 5.421)      2. 660.012
```

Teste de mu = 4 vs não = 4

VariávelNMeanStDevSE Mean95%CITP

Contractors704.6671.8050.301(4.056, 5.277) 2. 220.033

Teste T de duas amostras:

T de duas amostras para consultores vs contratantes

NMeanStDevSEMean

consultants704. 811.820.30

Contractors704. 671.800.30

Diferença = mu (consultores) - mu (empreiteiros) Estimativa da diferença: 0,139 IC 95% para a diferença: (-0,713, 0,990)

Teste T da diferença = 0 (vs não =): T-Value = 0,33 P-Value = 0,746

DF = 138

Ambos utilizam o StDev agrupado = 1,8112

Anexo A-4

Teste T de uma amostra:

Teste de mu = 4 vs não = 4

VariávelNMeanStDevSE Mean95%CITP

consultants704.5561.6290.272(4.004, 5.107) 2. 050.048

Teste de mu = 4 vs não = 4

VariávelNMeanStDevSE Mean95%CITP

Contractors704.2501.6970.283(3.676, 4.824) 0. 880.383

Teste T de duas amostras:

T de duas amostras para consultores vs contratantes

NMeanStDevSEMean

consultants704. 561.630.27

Contractors704. 251.700.28

Diferença = mu (consultores) - mu (empreiteiros)

Estimativa da diferença: 0.306

IC 95% para a diferença: (-0,476, 1,087)

Teste T da diferença = 0 (vs não =): T-Value = 0,78 P-Value = 0,438

DF = 138

Ambos utilizam o StDev agrupado = 1,6632

Anexo A-5

Teste T de uma amostra:

T est de mu = 4 vs não = 4

Variável N Média StDev SE Média 95% CIT P

consultores 704 .5001 .7320 .289 (3.914, 5.086) 1.730 .092

Teste de mu = 4 vs não = 4

VariávelN Média StDev SE Média 95% CIT P

Contractors704. 4721. 7650.294 (3.875, 5.069) 1. 610.117

Teste T de duas amostras:

T de duas amostras para consultores vs contratantes

N Média StDev SE Média

consultores70 4. 501.730 .29

Contratantes70 4.471 .760 .29

Diferença = mu (consultores) - mu (empreiteiros)

Estimativa da diferença: 0.028

IC 95% para a diferença: (-0,794, 0,850)

Teste T de diferença = 0 (vs não =): T-Value = 0,07 P-Value = 0,946

DF = 138

Ambos utilizam o StDev agrupado = 1,7484

Anexo A-6

Teste T de uma amostra: aumenta a produtividade global do trabalho

Teste de mu = 4 vs não = 4

VariávelNMeanStDevSE Mean95%CITP

consultants705. 1391.3970.233 (4.666, 5.612) 4. 890.000

Teste de mu = 4 vs não = 4

VariávelNMeanStDevSE Mean95%CITP

Contractors705. 3331.1210.187 (4.954, 5.713) 7. 140.000

Teste T de duas amostras:

T de duas amostras para consultores vs contratantes

N Média StDev SE Média

consultores70 5. 141. 400.23

Contratantes70 5.331 . 120.19

Diferença = mu (consultores) - mu (empreiteiros) Estimativa da diferença: -0,194 IC 95% para a diferença: (-0,790, 0,401)

Teste T da diferença = 0 (vs não =): T-Value = -0.65 P-Value = 0.517

DF = 138

Ambos utilizam o StDev agrupado = 1,2666

Anexo A-7

Teste T de uma amostra:

Teste de mu = 4 vs não = 4

VariávelNMeanStDevSE Mean95%CITP

consultants704. 9171.4220.237(4.436, 5.398) 3. 870.000

Teste de mu = 4 vs não = 4

VariávelNMeanStDevSE Mean95%CITP

Contractors704. 5001. 7810.297 (3.897, 5.103) 1. 680.101

Teste T de duas amostras:

T de duas amostras para consultores vs contratantes

N Média StDev SE Média

consultores70 4.921 . 420.24

Contratantes70 4. 501.780 .30

Diferença = mu (consultores) - mu (empreiteiros) Estimativa da diferença: 0,417 IC 95% para a diferença: (-0,341, 1,174)

Teste T da diferença = 0 (vs não =): T-Value = 1.10 P-Value = 0.276

DF = 138

Ambos utilizam o StDev agrupado = 1,6113

Anexo A-8

Teste T de uma amostra:

Teste de mu = 4 vs não = 4

Variável N Média StDev SE Média 95% CIT P

consultores 704 .9171 .5560 .259 (4.390, 5.443) 3.530 .001

Teste de mu = 4 vs não = 4

Variável N Média StDev SE Média 95% CIT P

Empreiteiros 704 .6941 .8800 .313 (4.059, 5.330) 2. 220.033

Teste T de duas amostras:

T de duas amostras para consultores vs contratantes

N Média StDev SE Média

consultores70 4.921 . 560.26

Contratantes70 4.691 .880 .31

Diferença = mu (consultores) - mu (empreiteiros)

Estimativa da diferença: 0.222

IC 95% para a diferença: (-0,589, 1,033)

Teste T da diferença = 0 (vs não =): T-Value = 0,55 P-Value = 0,587

DF = 138

Ambos utilizam StDev agrupado = 1,7254

Anexo A-9

Teste T de uma amostra:

Teste de mu = 4 vs não = 4

VariávelNMeanStDevSE Mean95%CITP

consultants705. 5831. 2510.208(5.160, 6.007) 7. 600.000

Teste de mu = 4 vs não = 4

VariávelNMeanStDevSE Mean95%CITP

Contractors705. 5831. 1800.197(5.184, 5.983) 8. 050.000

Teste T de duas amostras:

T de duas amostras para consultores vs contratantes

N Média StDev SE Consultores médios70 5.581 . 250.21

Contratantes70 5.581 . 180.20

Diferença = mu (consultores) - mu (empreiteiros)

Estimativa da diferença: -0.000

IC 95% para a diferença: (-0,572, 0,572)

Teste T da diferença = 0 (vs não =): T-Value = -0.00 P-Value = 1.000

DF = 138

Ambos utilizam Pooled StDev = 1,2160

Anexo A-10

Teste T de uma amostra:

Teste de mu = 4 vs não = 4

Variável N Média StDev SE Média 95% CIT P

consultores 705 .4441 .0270 .171 (5.097, 5.792) 8. 440.000

Teste de mu = 4 vs não = 4

Variável N Média StDev SE Média 95% CIT P

Empreiteiros 705 .4171 .2040 .201 (5.009, 5.824) 7.060 .000

Teste T de duas amostras:

T de duas amostras para consultores1vs Empreiteiros

NMeanStDevSE Média

consultants705.441. 030.17

Contractors705.421. 200.20

Diferença = mu (consultores) - mu (empreiteiros) Estimativa da diferença: 0,028 IC 95% para a diferença: (-0,498, 0,554)

Teste T de diferença = 0 (vs não =): T-Value = 0,11 P-Value = 0,916

DF = 138

Ambos utilizam o StDev agrupado = 1,1189

Anexo A-11

Teste T de uma amostra:

Teste de mu = 4 vs não = 4

VariávelNMeanStDevSE Mean95%CITP

consultants705.6111.2930.216(5.173, 6.049) 7. 470.000

Teste de mu = 4 vs não = 4

VariávelNMeanStDevSE Mean95%CITP

Contractors705.4441.4230.237(4.963, 5.926) 6. 090.000

Teste T de duas amostras:

T de duas amostras para consultores vs contratantes

NMeanStDevSEMean

consultants705. 611.290.22

Contractors705. 441.420.24

Diferença = mu (consultores) - mu (empreiteiros)

Estimativa da diferença: 0.167

IC 95% para a diferença: (-0,473, 0,806)

Teste T da diferença = 0 (vs não =): T-Value = 0,52 P-Value = 0,605

DF = 138

Ambos utilizam o StDev agrupado = 1,3599

Anexo A-12

Teste T de uma amostra:

Teste de mu = 4 vs não = 4

Variável N Média StDev SE Média 95% CIT P

consultores 705 .0831 .5560 .259 (4.557, 5.610) 4. 180.000

Teste de mu = 4 vs não = 4

Variável N Média StDev SE Média 95% CIT P

Empreiteiros 704 .8331 .6300 .272 (4.282, 5.385) 3.070 .004

Teste T de duas amostras:

T de duas amostras para consultores vs contratantes

NMeanStDevSEMean

consultants705. 081.560.26

Contractors704. 831.630.27

Diferença = mu (consultores) - mu (empreiteiros)

Estimativa da diferença: 0.250

IC 95% para a diferença: (-0,499, 0,999)

Teste T de diferença = 0 (vs não =): T-Value = 0,67 P-Value = 0,508

DF = 138

Ambos utilizam o StDev agrupado = 1,5935

Anexo A-13

Teste T de uma amostra:

```
Teste de mu = 4 vs não = 4
Variável N Média StDev SE Média 95% CIT                        P
consultores 704       .1111  .6700    .278    (3.546, 4.676)  0.    400.692
Teste de mu = 4 vs não = 4
Variável N Média StDev SE Média 95% CIT                        P
Contratantes 704    .6391  .9000    .317    (3.996, 5.282)  2.    020.051
```

Teste T de duas amostras:

```
T de duas amostras para consultores vs contratantes
     NMeanStDevSEMean
     consultants704.111. 670.28
     Contractors704.641. 900.32
Diferença = mu (consultores) - mu (empreiteiros) Estimativa da diferença: -0,528 IC 95% para a diferença: (-1,368, 0,313)
Teste T da diferença = 0 (vs não =): T-Value = -1.25 P-Value = 0.215
DF = 138
Ambos utilizam Pooled StDev = 1,7883
```

Anexo A-14

Teste T de uma amostra:

```
Teste de mu = 4 vs não = 4
Variável N Média StDev SE Média 95% CIT                        P
consultores 704     .1671  .5020    .250    (3.658, 4.675)  0.670 .510
Teste de mu = 4 vs não = 4
Variável N Média StDev SE Média 95% CIT                        P
Empreiteiros 704    .1111  .4890    .248    (3.607, 4.615)  0.    450.657
```

Teste T de duas amostras:

```
T de duas amostras para consultores vs contratantes
     NMeanStDevSEMean
     consultants704.171. 500.25
     Contractors704.111. 490.25
Diferença = mu (consultores) - mu (empreiteiros) Estimativa da diferença: 0.056
IC 95% para a diferença: (-0,647, 0,759)
Teste T de diferença = 0 (vs não =): T-Value = 0,16 P-Value = 0,875 DF = 138
Ambos utilizam o StDev agrupado = 1,4955
```

Anexo A-15

Teste T de uma amostra:

```
Teste de mu = 4 vs não = 4
Variável N Média StDev SE Média 95% CIT                        P
consultores 705          .1941 .7040    .284   (4.618, 5.771)   4.    210.000
Teste de mu = 4 vs não = 4
Variável N Média StDev SE Média 95% CIT                        P
Empreiteiros 705         .1111 .8790    .313   (4.475, 5.747)   3.    550.001
```

Teste T de duas amostras:

```
T de duas amostras para consultores vs contratantes
N Média StDev SE Média
```

```
consultores70           5.         191.      700.28
Contratantes70          5.         111.880   .31
Diferença = mu (consultores) - mu (empreiteiros)
Estimativa da diferença: 0.083
IC 95% para a diferença: (-0,760, 0,927)
Teste T de diferença = 0 (vs não =): T-Value = 0,20 P-Value = 0,844
DF = 138
Ambos utilizam Pooled StDev = 1,7936
```

Anexo A-16

Teste T de uma amostra:

```
Teste de mu = 4 vs não = 4
      VariávelNMeanStDevSE Mean95%CITP
      consultants705. 1671.2980.216    (4.727,    5.606) 5.   390.000
Teste de mu = 4 vs não = 4
      VariávelNMeanStDevSE Mean95%CITP
Empreiteiros 705        .3331 .2190    .203   (4.921, 5.746)  6.    560.000
```

Teste T de duas amostras:

```
T de duas amostras para consultores vs contratantes
      NMeanStDevSEMean
      consultants705. 171.300.22
      Contractors705. 331.220.20
Diferença = mu (consultores) - mu (empreiteiros)
Estimativa da diferença: -0.167
IC 95% para a diferença: (-0,759, 0,425)
Teste T da diferença = 0 (vs não =): T-Value = -0,56 P-Value = 0,576
DF = 138
Ambos utilizam StDev agrupado = 1,2593
```

Anexo A-17

Teste T de uma amostra:

```
Teste de mu = 4 vs não = 4
Variável N Média StDev SE Média 95% CIT                    P
consultores 704    .5281  .5760    .263   (3.994, 5.061)  2.    010.052
Teste de mu = 4 vs não = 4
Variável N Média StDev SE Média 95% CIT                    P
Empreiteiros 704   .6391  .5520    .259   (4.114, 5.164)  2.470 .019
```

Teste T de duas amostras:

```
T de duas amostras para consultores vs contratantes
      NMeanStDevSEMean
      consultants704.        531.    580.26
      Contractors704.        641.    550.26
Diferença = mu (consultores) - mu (empreiteiros)
Estimativa da diferença: -0,111 IC 95% para a diferença: (-0,846, 0,624)
Teste T da diferença = 0 (vs não =): T-Value = -0.30 P-Value = 0.764
DF = 138 Ambas as utilizações StDev agrupado = 1,5642
```

Anexo A-18

Teste T de uma amostra:

Teste de mu = 4 vs não = 4

VariávelN Média StDev SE Média 95% CIT P

consultores 705 .1671 .6300 .272 (4.615, 5.718) 4. 290.000

Teste de mu = 4 vs não = 4

VariávelN Média StDev SE Média 95% CIT P

Empreiteiros 705 .2501 .5380 .256 (4.730, 5.770) 4.880 .000

Teste T de duas amostras:

T de duas amostras para consultores1 vs contratantes

N Média StDev SE Média

consultores70 5. 171. 630.27

Contratantes70 5. 251. 540.26

Diferença = mu (consultores) - mu (empreiteiros)

Estimativa da diferença: -0,083 IC 95% para a diferença: (-0,828, 0,662)

Teste T da diferença = 0 (vs não =): T-Value = -0.22 P-Value = 0.824

DF = 138

Ambos utilizam o StDev agrupado = 1,5845

Anexo A-19

Teste T de uma amostra:

Teste de mu = 4 vs não = 4

Variável N Média StDev SE Média 95% CIT P

consultores 704 .3061 .5460 .258 (3.783, 4.829) 1. 190.244

Teste de mu = 4 vs não = 4

Variável N Média StDev SE Média 95% CIT P

Empreiteiros 703 .6671 .9270 .321 (3.015, 4.319) -1. 040.307

Teste T de duas amostras:

T de duas amostras para consultores1 vs contratantes

NMeanStDevSEMean

consultants704. 311.550.26

Contractors703. 671.930.32

Diferença = mu (consultores) - mu (empreiteiros)

Estimativa da diferença: 0.639

IC 95% para a diferença: (-0,182, 1,460)

Teste T da diferença = 0 (vs não =): T-Value = 1,55 P-Value = 0,125

DF = 138

Ambos utilizam o StDev agrupado = 1,7470

ANEXO B

Resultados da ANOVA PASW

ANOVA

Limites impostos às alterações de localização

	Soma de quadrados	df	Quadrado médio	F	Sig.
Entre grupos	11.198	12	2.240	.897	.496
Dentro dos grupos	72.402	58	2.497		
Total	83.600	70			

ANOVA

Reduz a duração do projeto

	Soma de quadrados	df	Quadrado médio	F	Sig.
Entre grupos	6.767	12	1.353	.608	.694
Dentro dos grupos	62.292	58	2.225		
Total	69.059	70			

ANOVA

Reduz a necessidade de mão de obra especializada no local

	Soma de quadrados	df	Quadrado médio	F	Sig.
Entre grupos	18.531	12	3.706	1.207	.330
Dentro dos grupos	89.012	58	3.069		
Total	107.543	70			

ANOVA

As técnicas de construção fora do local reduzem o custo de construção do projeto

	Soma de quadrados	df	Quadrado médio	F	Sig.
Entre grupos	5.149	12	1.030	.400	.845
Dentro dos grupos	74.736	58	2.577		
Total	79.886	70			

ANOVA

As técnicas de construção fora do estaleiro aumentam a qualidade do produto

	Soma de quadrados	df	Quadrado médio	F	Sig.
Entre grupos	5.771	12	1.154	.333	.889
Dentro dos grupos	100.400	58	3.462		
Total	106.171	70			

ANOVA

As técnicas de construção fora do estaleiro aumentam a produtividade global do trabalho

	Soma de quadrados	df	Quadrado médio	F	Sig.
Entre grupos	9.922	12	2.481	1.275	.302
Dentro dos grupos	58.364	58	1.945		
Total	68.286	70			

ANOVA

As técnicas de construção fora do local limitam as opções de conceção

	Soma de quadrados	df	Quadrado médio	F	Sig.
Entre grupos	13.866	12	2.311	1.138	.367
Dentro dos grupos	56.876	58	2.031		
Total	70.743	70			

ANOVA

Técnicas de construção fora do estaleiro aumentam o desempenho em termos de segurança

	Soma de quadrados	df	Quadrado médio	F	Sig.
Entre grupos	21.349	12	3.558	1.572	.192
Dentro dos grupos	63.394	58	2.264		
Total	84.743	70			

ANOVA

Perturbações no local de operações adjacentes

	Soma de quadrados	df	Quadrado médio	F	Sig.
Entre grupos	3.603	12	.901	.532	.713
Dentro dos grupos	50.797	58	1.693		
Total	54.400	70			

ANOVA

Impacto ambiental de outras operações

	Soma de quadrados	df	Quadrado médio	F	Sig.
Entre grupos	5.355	12	1.071	.991	.440
Dentro dos grupos	31.331	58	1.080		
Total	36.686	78			

ANOVA

Restrições de transporte

	Soma de quadrados	df	Quadrado médio	F	Sig.
Entre grupos	3.714	12	.619	.318	.922
Dentro dos grupos	54.457	58	1.945		
Total	58.171	70			

ANOVA

As técnicas de construção fora do local aumentam a eficiência da conceção do projeto

	Soma de quadrados	df	Quadrado médio	F	Sig.
Entre grupos	5.710	12	.952	.337	.911
Dentro dos grupos	79.033	58	2.823		
Total	84.743	70			

ANOVA

As técnicas de construção fora do local aumentam o custo do projeto

	Soma de quadrados	df	Quadrado médio	F	Sig.
Entre grupos	23.066	12	3.844	1.540	.202
Dentro dos grupos	69.906	58	2.497		

Total	92.971	70			

ANOVA

O software de conceção fora do local limita as suas utilizações

	Soma de quadrados	df	Quadrado médio	F	Sig.
Entre grupos	10.959	12	1.826	.760	.608
Dentro dos grupos	67.327	58	2.405		
Total	78.286	70			

ANOVA

As técnicas de construção fora do estaleiro aumentam a produtividade global do trabalho

	Soma de quadrados	df	Quadrado médio	F	Sig.
Entre grupos	9.922	12	2.481	1.275	.302
Dentro dos grupos	58.364	58	1.945		
Total	68.286	70			

ANOVA

As técnicas de construção fora do estaleiro diminuem o congestionamento de mão de obra no estaleiro

	Soma de quadrados	df	Quadrado médio	F	Sig.
Entre grupos	5.135	10	1.027	.553	.735
Dentro dos grupos	53.836	60	1.856		
Total	58.971	70			

ANOVA

As técnicas de construção fora do local aumentam a poupança global de custos

	Soma de quadrados	df	Quadrado médio	F	Sig.
Entre grupos	17.811	12	2.968	1.207	.332
Dentro dos grupos	68.875	58	2.460		
Total	86.686	70			

ANOVA

As técnicas de construção fora do local aumentam a poupança de mão de obra

	Soma de quadrados	df	Quadrado médio	F	Sig.
Entre grupos	7.772	12	1.554	.538	.746
Dentro dos grupos	83.828	58	2.891		
Total	91.600	70			

ANOVA

O planeamento do projeto é uma barreira

	Soma de quadrados	df	Quadrado médio	F	Sig.
Entre grupos	22.094	12	3.682	1.616	.180
Dentro dos grupos	63.792	58	2.278		
Total	85.886	70			

ANEXO C

Resumo do modelo

Resumo do modelo

R	R Quadrado	Quadrado R ajustado	Erro Std. do Estimativa
.954	.909	.904	.143

ANOVA

	Soma de quadrados	df	Quadrado médio	F	Sig.
Regressão	3.512	1	3.512	170.670	.000
Residual	.350	69	.021		
Total	3.862	70			

Coeficientes

	Coeficientes não padronizados		Normalizado Coeficientes	t	Sig.
	B	Erro Std.	Beta		
Consultores	1.005	.077	.954	13.064	.000
(Constante)	-.063	.381		-.166	.870

ANEXO D

Resultados da análise de regressão linear do Minitab

Anexo D-1

Análise de regressão: empreiteiro versus consultor no sector residencial

A equação de regressão é

Contratante = 2,669 + 0,2757 Consultor

S = 0,430810 R-Sq = 20,9%

Análise de variância

FonteDFSSMSFP

Regression 10. 832210. 8322134.480.049

Error173.155160.185597

Total183.98737

Anexo D-2

Análise de regressão: empreiteiro versus consultor no sector comercial

A equação de regressão é Contractor = 4,711 + 0,06554 Consultor

S = 0,691520 R-Sq = 3,4% R-Sq(adj) = 0,0%

Análise de variância

FonteDFSSMSFP

Regression 10. 282190. 2821880.590.453

Error178.129390.478199

Total188.41158

Anexo D-3

Análise de regressão: empreiteiro versus consultor no sector industrial

A equação de regressão é Contratante = 7,058 - 0,4252 Consultor S = 1,42250 R-Sq = 1,2%

Análise de variância

FonteDFSSMSFP

Regression 10. 42770. 427700.210.652

Error1734.39972.02351

Total1834.8274

Anexo D-4

Análise de regressão: empreiteiro versus consultor no sector das infra-estruturas

A equação de regressão é Contratante = 3,022 + 0,3781 Consultor S = 0,651586 R-Sq = 14,7%

Análise de variância

FonteDFSSMSFP

Regression 11. 247661. 247662.940.105

Error177.217600.42456

Total188.46526

ANEXO E

Questionário

Perfil do inquirido

1. Nome do inquirido
2. Pertence a que empresa/organização das partes interessadas:

- Consultor
- Empreiteiro

Se for contratante, especificar a categoria

- CA
- CB
- C1
- C2
- C3
- C4
- C5
- C6

3. Em que sectores a sua organização trabalha/presta serviços?

- Residencial
- Comercial
- Industrial
- Infra-estruturas

Questionário sobre a construção fora do estaleiro

Q 1 Em que medida/estava a construção fora do local/técnicas/estavam em Construção/indústria do/Paquistão

- menos de 5%
- 6% - 10%
- 11% - 20%
- 21% - 30%
- 31%- 40%
- Mais de 40%

Q2 De todos os/factores que atualmente determinam a utilização de/offsite/construção, qual é o fator mais importante?

- Custo
- Horário
- Segurança
- Factores determinantes da força de trabalho
- Qualidade

A resposta/para cada afirmação/ foi codificada/com as opções numéricas/de 1 a 7/com

1. "concordo totalmente/discordo
2. "moderadamente/discordo"
3. "ligeiramente/discordo"
4. "nem/discordo/nem/concordo"
5. "ligeiramente/concordo"
6. "moderadamente/concordo"
7. "fortemente/concordo"

Q3 Fora do local/construção/técnicas/limitar a capacidade de efetuar/alterações no local/trabalho
1 2 3 4 5 6 7

Q4 A utilização de técnicas de construção fora do local diminui o projeto/duração
1234567

Q5 A utilização de técnicas de construção no exterior diminui o número de trabalhadores no local.
1234567

Q6 A utilização de técnicas de construção fora do estaleiro/ diminui o custo de construção
1234567

Q7 A utilização de técnicas de construção fora do local aumenta a qualidade
1234567

Q8 A utilização de técnicas de construção fora do estaleiro aumenta a produtividade do trabalho
1234567

Q9 A utilização de técnicas fora do local/da construção limita as opções/da conceção
1234567

Q10 A utilização de técnicas de construção no exterior aumenta a segurança.

Q11 A utilização de técnicas fora do local/construção/diminui a perturbação de/outras operações
1 2 3 4 5 6 7

Q12 A utilização de/técnicas de construção fora do local diminui os efeitos negativos/ambientais impacto/de outras construções/operações
1234567

Q13 Os transportes/restrições limitam a utilização/técnicas de construção/fora do local
1234567

Q14 A utilização de técnicas de construção fora do local aumenta a eficiência da conceção do projeto
1234567

Q15 A utilização/das técnicas de construção fora do local aumenta/custo de conceção
1234567

Q16 Complicado/software de conceção limita a utilização de técnicas fora do local/construção
1234567

Q17 A utilização de técnicas de construção fora do estaleiro aumenta a gestão/eficiência no estaleiro
1234567

Q18 A utilização de técnicas de construção fora do local diminui o congestionamento do trabalho
1234567

Q19 A utilização de técnicas de construção fora do local aumenta/poupa o custo global

1234567

Q20 A utilização de técnicas de construção fora do local reduz as necessidades de mão de obra

1234567

Q21 A complexidade do planeamento do projeto é um dos obstáculos à construção fora do local

1234567

MIX
Papier aus verantwortungsvollen Quellen
Paper from responsible sources
FSC® C105338

Printed by Books on Demand GmbH, Norderstedt / Germany